浙江省社科联社科普及课题成果（21KPD11YB）

人工智能和智能生活

熊建宇　著

电子工业出版社

Publishing House of Electronics Industry

北京·BEIJING

内 容 简 介

人工智能是引领新一轮科技革命和产业变革的重要驱动力，正深刻改变人们的生产、生活、学习方式，推动人类社会迎来人机协同、跨界融合、共创分享的智能时代。

本书以普及人工智能基本知识、培养人工智能基本素养为目标。全书脉络清晰，逐次展开，包含大量新颖的教学案例，技术内容具有专业性及层次性，应用内容分类清晰，形象生动。本书由高校教师及企业专家共同编写完成。

本书可作为高职高专院校、中职学校和应用型本科院校财经商贸类专业的人工智能素养教材，也可供其他非人工智能相关专业的学生学习，还可供对人工智能领域感兴趣的学习者和社会人士阅读学习。

图书在版编目（CIP）数据

人工智能和智能生活 / 熊建宇著. —北京：电子工业出版社，2021.11

ISBN 978-7-121-42431-1

Ⅰ．①人… Ⅱ．①熊… Ⅲ．①人工智能－应用－生活 Ⅳ．①TP18

中国版本图书馆 CIP 数据核字（2021）第 242376 号

责任编辑：徐建军　　文字编辑：徐云鹏

印　　　刷：北京天宇星印刷厂
装　　　订：北京天宇星印刷厂
出版发行：电子工业出版社
　　　　　北京市海淀区万寿路 173 信箱　邮编　100036
开　　本：787×1 092　1/16　印张：8.5　字数：202 千字
版　　次：2021 年 11 月第 1 版
印　　次：2022 年 11 月第 2 次印刷
印　　数：1000 册　定价：30.00 元

凡所购买电子工业出版社图书有缺损问题，请向购买书店调换。若书店售缺，请与本社发行部联系，联系及邮购电话：(010) 88254888，88258888。

质量投诉请发邮件至 zlts@phei.com.cn，盗版侵权举报请发邮件至 dbqq@phei.com.cn。

本书咨询联系方式：(010) 88254570，xujj@phei.com.cn。

前 言
Preface

习近平总书记在致第三届世界智能大会的贺信中指出，"当前，由人工智能引领的新一轮科技革命和产业变革方兴未艾。在移动互联网、大数据、超级计算、传感网、脑科学等新理论新技术驱动下，人工智能呈现深度学习、跨界融合、人机协同、群智开放、自主操控等新特征，正在对经济发展、社会进步、全球治理等方面产生重大而深远的影响"。人类社会在经历了机械化、电气化、信息化发展之后，正在向智能化社会迈进，人工智能有望成为新一轮科技革命的引擎。

AlphaGo 击败围棋选手李世石，引起了人们对于人工智能更多的关注。人工智能究竟是什么？人工智能时代人类应该如何与人工智能相处？当下，这些问题已经成为我国乃至全世界教育领域的重要命题。为了培养智能时代的合格公民，让人类为智能时代的到来做好生活、工作的准备，我国已经着手尝试在大、中、小学各阶段的教育中融入人工智能教育的理念、知识和方法。目前，我国很多职业院校已经开设了人工智能课程与专业，以培养具有一定人工智能素养的高素质技术技能人才为目标。而人工智能教育之路的起步，需要把人工智能知识普及作为前提和基础。普及人工智能知识，则需要将人工智能相关的知识、技术、趋势等内容，根据学习对象不同层级的认知特点，进行解构与重构，以适应学习者的学习需要，提升学习者的兴趣爱好，提高学习者人工智能总体素养。人工智能教育的普及，将为人类走向人工智能时代打下扎实基础，我们有必要深入学习与了解人工智能发展的现状与未来，了解人工智能的工作原理，了解人工智能的算法、数据与算力，了解人工智能在不同领域的深入应用情况，掌握基本的人工智能知识，具备人工智能理论与应用层面的基本素养。

本书主要面向学生、人工智能领域从业人员和社会人员使用，以培养阅读者人工智能基本素养为主要目标，从人工智能的概念和历史发展脉络入手，从衣、食、住、行，以及农业、制造业、军事、教育等不同细分领域，从人工智能让生活更便捷、人工智能让工作更高效两个维度进行了行业应用领域的介绍与分析。人工智能技术的发展与进步，在为人类社会发展带来极大便利的同时，在就业、伦理、安全、社会秩序等方面的负面作用和影响也为人类带来了困扰，需要我们在发展人工智能技术的过程中积极应对。

第 1 章通过学习人工智能的"前世今生"，可以全面了解人工智能的发展历史、现状与未来发展趋势；透过人工智能发展的波折进程，体会人工智能发展背后人类对于未知进行探索的勇气和信念；进而掌握科技发展的规律特点，对人工智能及其未来科技的发展，可以做出独立判断。

第 2 章从日常生活中的场景出发介绍人工智能技术在生活中的应用，如智能购物、智能出行、智能健康管理等方面，通过对该部分内容的阅读可以体会人工智能在我们便捷生活背后所发挥的作用，并发现生活中更多的人工智能应用，或者提出需要被人工智能解决的新的场景。

第 3 章、第 4 章从不同产业角度出发介绍人工智能应用的场景，涉及农业、制造、军事、安防、金融、医疗、教育、体育以及艺术创造等不同领域。通过阅读学习，可以了解不同产业、不同行业如何利用人工智能技术来提升业务运转效率，更好地服务于人类。读者可以结合自己所从事的行业以及对人工智能技术的认知，去发现工作中可以利用人工智能技术提升工作效率的场景。

第 5 章通过讨论人工智能对人类社会的冲击，分析人工智能的发展趋势，探讨未来人类与人工智能共处的方式，进一步引发读者对于人工智能未来的思考，并结合自身事业发展、生活的需要，找到自己与人工智能相处的方式。

本书为浙江省社科联社科普及课题成果（课题编号：21KPD11YB）、浙江金融职业学院 2021 年"金苑文库"学术著作资助项目，由浙江金融职业学院熊建宇老师编写，可供教师、学生、人工智能领域从业人员和社会人员使用。因为人工智能是一个前沿学科领域，所以在本书编写过程中参考了大量文献资料，吸收了他们最新的研究成果，在此一并表示感谢。

为了方便教与学，本书配有电子教学课件，请有此需要的教师登录华信教育资源网（www.hxedu.com.cn）注册后免费进行下载。如有问题，可在网站留言板留言或与电子工业出版社联系（E-mail：hxedu@phei.com.cn）。

由于作者水平有限，尽管已竭尽全力，但书中难免会有纰漏之处，敬请各位专家与读者批评指正。

作　者

目 录
Contents

第1章

人工智能的前世今生

➡️ **本章思维导图**

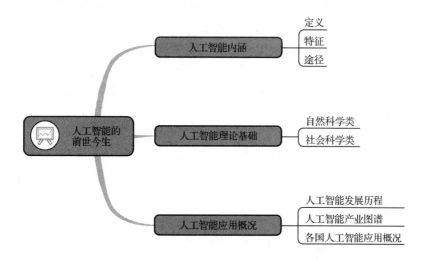

人工智能（Artificial Intelligence，AI）领域是现在科学发展最快的领域之一，也是社会上最受关注的话题之一。人工智能步入大众视野的标志性事件，是2016年AlphaGo和围棋世界冠军、职业九段棋手李世石进行围棋人机大战，以4比1的总比分获胜，此举让人们认识到机器所具有的智慧与能力。

本章主要介绍人工智能的内涵、理论基础与应用情况。

1.1 人工智能内涵

1.1.1 人工智能的定义

人工智能起源于 1950 年，当年著名的数学家、逻辑学家阿兰·图灵（Alan Turing）（见图 1-1）发表了一篇划时代的论文《机器能思考吗》，并提出了著名的"图灵测试"：在测试者与被测试者（一个人和一台机器）隔开的情况下，通过一些装置（如键盘）向被测试者随意提问，进行多次测试后，如果有超过 30%的测试者不能确定被测试者是人还是机器，那么这台机器就通过了测试，并被认为具有人类智能。

图 1-1 "人工智能之父"图灵

如今，人工智能已经渡过了简单地模拟人类智能的发展阶段，演进为研究人类智能活动的规律、构建具有一定智能的人工系统或硬件，以使其能够开展需要人的智力才能进行的工作，并对人类智能进行拓展的综合学科。

在学术界，关于人工智能有几个重要的观点：

（1）1956 年的达特茅斯会议，计算机学家约翰·麦卡锡（John McCarthy）首次提出人工智能的定义：使一部机器的反应方式像一个人在行动时所依据的智能；制造智能机器的科学与工程，特别是智能计算机程序。

（2）斯坦福大学的尼尔斯·约翰·尼尔森（Nils John Nilsson）提出，人工智能是关于知识的学科——怎样表示知识以及怎样获得知识并使用知识的学科。

（3）麻省理工学院的帕特里克·温斯顿（Patrick Winston）认为，人工智能就是研究如何使计算机去做过去只有人才能做的智能工作。

在实践层面，如图 1-2 所示，广义人工智能泛指通过计算机实现人的头脑思维所产生的效果，通过研究和开发用于模拟、延伸和扩展人的智能的理论、方法、技术及应用系统，其构建过程中综合了计算机科学、数学、生理学、哲学等学科的内容。

人工智能产业是指包含技术、算法、应用等多方面的企业以及应用体系。而我们通常讲的人工智能指人工智能技术，指利用技术学习人、模拟人，乃至超越人类智能的综合能力，即通过机器实现人的头脑思维，使其具备感知、决策与行动力。形象来说，人工智能可理解为由不同音符组成的音乐，而不同音符是由不同的乐器所奏响的，最终实现传递演奏者内心所想与头脑所思的效果。具体包括使用机器帮助、代替甚至部分超越人类实现认知、识别、分析、决策等功能的技术手段，如自然语言处理、语音识别、计算机视觉、机器智能技术，等等。

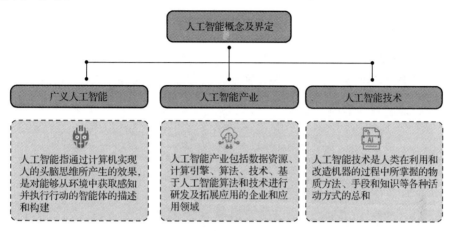

图 1-2　人工智能概念（资料来源：艾瑞研究）

人工智能所具有的能力一般可概括为：

（1）通过视觉、听觉、触觉等感官活动，接受并理解文字、图像、声音、语言等各种外界信息，这就是认识和理解外界环境的能力。

（2）通过人脑的生理与心理活动以及有关的信息处理过程，将感性知识抽象为理性知识，并能对事物运行的规律进行分析、判断和推理，这就是提出概念、建立方法、进行演绎和归纳推理、做出决策的能力。

（3）通过教育、训练和学习过程，日益丰富自身的知识和技能，这就是学习的能力。

（4）对不断变化的外界环境条件（如干扰、刺激等外界作用）能灵活地做出正确反应，这就是自适应能力。

1.1.2　人工智能的特征

人工智能是一项综合性技术，结合了信息数据以及计算机网络技术，是大数据时代下能够快速高效处理信息的工具。人工智能与计算机技术相辅相成，它的最大优势在于可以通过对外部声音、图像或思维方式的处理，来确定人们所面临问题的解决方法，极大程度上解决生活中的难题，从而使人们的生活水平得到进一步的提高。

人工智能不同于以往互联网行业里出现的新技术，如大数据、云计算等，也不同于各个细分领域的新兴商业模式，如新媒体营销、跨境电商、全渠道新零售等，虽然同属颠覆与变革，但人工智能却处在更高阶维度上。人工智能与大数据、云计算的最大区别是，互联网及新兴技术改造的是传统行业，是应用层的创新，但人工智能改变的却是互联网本身。

这种改变和颠覆体现在交互方式、自进化、去节点化三个方面。

1. 交互方式

从互联网到移动互联网，从个人计算机到智能手机，几十年来，人机交互在方式上的变化并不快，更新换代的周期很长。从最早的打孔机器到 DOS 命令的运用，再从键盘、鼠标的输入到智能手机带来的全触控体验，虽然操作方式并不完全相同，但是基本都依靠双手输入信息。

人工智能带来的则是真正意义上的用户交互层面上的革命，真正解放了人类的双手，让语音交互、图像识别、自然语言理解等技术方式成为新的传递媒介和对话窗口。而每一次交互方式上的重大变革，都会摧毁旧有的产业，孕育全新的产业，出现颠覆性的产业变化。

2. 自进化

在互联网 20 多年来的演进过程中，智能化程度一直存在并不断提升。但人工智能与互联网的演进变化不同，它被赋予了更高维度的深度神经网络学习、机器学习的能力，具备了语音、图像等的识别、认知、理解和交互的能力，是一种累积多年后的突变。无论是对每一个用户个体，还是整个行业，这种变化产生的影响和意义都是极其深远的。

人工智能依托互联网海量数据的积累以及数据挖掘、自然语言处理、语音交互、图像识别、深度升级网络、机器学习及用户建模等方面的技术积淀，这些为人工智能提供了足够快、足够猛烈的爆发力和成长养料。同样一年的发展期，人工智能的应用和成长速度是指数级别的，远远超过了过去互联网所出现的电商、社交等技术的线性成长速度。人工智能是站在有着深厚积淀的巨人肩膀上的创新，具有自进化特性，所以其成长、普及速度也会远远超过传统互联网的各个领域。

【2016 年 4 月，AlphaGo 战胜李世石。2017 年 5 月，AlphaGo 迎战柯洁，然而在柯洁面前的 AlphaGo 早已今非昔比，这一年里，它从 1.0 版进化到了 2.0 版。战胜李世石的 AlphaGo 1.0，采用了传统围棋赛手的训练思维，先学 10 万局棋谱，把人类的经典棋谱尽收眼底，然后分析棋局定式和得失，最后生成了自己的策略算法。开发 AlphaGo 的 DeepMind 公司觉得这不是人工智能的最强形态。】

于是，有了后来的 AlphaGo 2.0。AlphaGo 2.0 与之前最大的不同是，没有棋谱"喂养"。工程师只告诉 AlphaGo 最基本的围棋规则：黑先白后、交替落子、怎么算输、怎么算赢……然后，设置两个这样的 AlphaGo "围棋宝宝"开始对弈。2.0 版本的 AlphaGo，不再跟人类学怎么下围棋，而是跟自己学。

这时的 AlphaGo 不知道什么是人类的棋谱套路，但知道谁输谁赢，甚至还能复盘棋局，为每一步打分，推测哪一步对、哪一步错、哪一步可以更好。基于规则和输赢，AlphaGo 建立了反馈体系，根据每天的对局不断优化算法。

就这样，每天下、不断学……

一年之后，AlphaGo 2.0 跟柯洁早已不是同一量级，或者说，它已经超越了整个人类的围棋水平。所以这一次以柯洁的败北为最终结局（见图 1-3）。

图 1-3　柯洁败给 AlphaGo

3. 去节点化

去节点化即"所说即所得"，人工智能将使用门槛降到了零。就如同小孩刚刚降生，最早学会的是说话，而不是读书、写字一样。人工智能以对话为主要的交互方式，更像是身体器官的自然延伸，而不像计算机、手机，还得依靠双手、眼睛和脑力，这一改变使其使用门槛几乎为零，让用户获取服务变得更加简单便捷，真正实现了"所说即所得"。就如同苹果手机的触控体验给智能手机产业带来的革命一样，人工智能以对话为主的看似傻瓜式的改变，预计也会引发互联网的一场颠覆性革命。

传统互联网信息、服务的获取，靠的是前后的操作、交互逻辑，以及各个节点间的有机串联，不管是门户的导航模式，还是搜索的即搜即得，都需要用户一步步地操作，才能最终获得信息或服务。如预定机票，在传统互联网方式下，用户需要打开网页或者应用，进行查找、比价、选择、支付；而人工智能可以通过用户说出"购买机票"实现最终的购买机票行为。

去节点化带来了低门槛、便捷性、高效性，并提升了友好度，使得人工智能可以服务更广泛的人群。不管是一年级的小学生，还是七八十岁的老人，都能在人工智能的帮助下轻松获取生活服务。

去节点化改变的是信息、应用和服务的组织、匹配方式。过去是显性、透明且有用户参与的行为，人工智能则直接将这个过程浓缩在一起，数据处理、逻辑判断及交互表达的动作都在后台的"黑匣子"里发生，都被电子化、数字化、云化了。

1.1.3　人工智能的途径

无论从什么角度研究，人工智能都是通过计算机来达成所设定效果的。目前，主流的实现人工智能的途径有以下四种。

1. 像人一样行动：图灵测试的途径

由图灵提出的图灵测试（Turing Test），其宗旨是为测试者提供一个简便可操作的测试结论。

在现阶段，计算机尚需具有以下能力来通过测试：

（1）自然语言处理（Natural Language Processing）：使之能成功地用人类语言交流。

（2）知识表示（Knowledge Representation）：存储它知道的或听到的信息。

（3）自动推理（Automated Reasoning）：运用存储的信息来回答问题并推导出新结论。

（4）机器学习（Machine Learning）：适应新情况并进行检测和预测。

因为人类智能不需要物理接触，所以图灵测试有意避免询问者与计算机之间的直接物理交互。为了更进一步地实现人工智能，完全图灵测试（Total Turing Test）还包括视频信号以便询问者既可测试对方的感知能力，又有机会"通过舱口"传递物理对象。在这一层次，要通过完全图灵测试，计算机还需要具有：

（5）计算机视觉（Computer Vision）：感知物体。

（6）机器人学（Robotics）：操纵和移动对象。

这6个领域构成了人工智能的大部分内容，图灵也因设计了一个60年后仍然适用的测试而广受称赞。然而人工智能研究者们并未致力于通过图灵测试，他们认为研究智能的基本原理比复制样本更重要。如同莱特兄弟和其他人对于"人工飞行器"的追求，是在停止模仿鸟，开始使用风洞了解空气动力学后，才获得成功的。

2. 像人一样思考：认知建模的途径

人工智能若能像人一样思考，首要问题是确定人是如何思考的，才能进一步判断人工智能是否与人的思考一致。因此，构建人工智能模型，需要先研究人脑的实际运作，目前主要通过以下三种方式进行研究。

（1）内省：通过内省捕获人类自身的思维过程。

（2）心理实验：通过心理实验观察工作中的人类思维变化。

（3）脑成像：通过脑成像观察人类思考过程中的组织成分变化。

只有掌握对于人脑的精确理解，才能把这样的理论表示成计算机程序。如果该程序的输入输出行为匹配相应的人类行为，这就是程序的某些机制可以达成人脑运行效果的证据。

例如，设计了GPS（General Problem Solver），即"通用问题求解器"的艾伦·纽厄尔（Allen Newell）和赫伯特·西蒙（Herbert Simon），并未止步于让其程序正确地解决问题，依然在比较研究程序推理步骤的轨迹与求解相同问题时人类个体的思维轨迹。

认知科学（Cognitive Science）通过结合计算机模型和心理学实验技术，来构建一种精确且可测试的人类思维理论。在 AI 早期，不同途径之间经常出现混淆，某位程序员主张一个算法能很好地完成一项任务，所以它是人工智能的一个好模型，或者反之亦然。现代程序员将两种主张区分开来，促进了 AI 和认知科学的快速发展。通过将神经生理学证据吸收到计算模型中，使得计算机视觉获得了显著进步，AI 与认知科学相互丰富。

3. 合理地思考："思维法则"的途径

古希腊哲学家亚里士多德（Aristotle）是最早的试图严格定义"正确思考"的学者之一，他将"正确思考"定义为不可反驳的推理过程。其三段论（syllogisms）为在给定正确前提时总产生正确结论的论证结构提供了参照模式——例如，"苏格拉底是人；人必有一死；所以，苏格拉底必有一死。"这些思维法被认为支配着头脑的运行；这一研究开创了称为逻辑学（logic）的领域。

19 世纪的逻辑学家为世界上各种对象及对象之间关系的陈述制定了一种精确的表示法（类似于算术表示法，算术只是关于数的陈述的表示法）。到了 1965 年，已有程序原则上可以求解用逻辑表示法描述的任何可解问题（如果不存在解，那么程序可能无限循环）。人工智能中的逻辑主义（logicist）流派希望通过这样的程序来创建智能系统，此途径被称为"思维法则"的途径。

"思维法则"的途径存在两个障碍：首先，获取非格式化的知识并用逻辑表示法要求的形式术语来陈述是不容易的，特别是在知识不是百分之百确定时；其次，在"原则上"可解决一个问题与实际上解决该问题之间存在巨大的差别，求解只有几百条事实的问题就可能会耗尽任何计算机的计算资源。

4. 合理地行动：进程安排（agent）的途径

进程安排是进行运行操作的智能安排（英语的 agent 源于拉丁语的 agere，意为"去做"）。所有计算机程序都在运行并处理任务，但是普通计算机不能感知环境、长期持续、适应变化并创建与追求目标。进程安排能实现更多功能：自主操作进行合理安排，当存在不确定性时，为实现最佳期望结果而重新规划任务。

在人工智能"思维法则"的途径中，重点在正确的推理。合理进程安排途径也涉及做出正确的推理，根据给定行动将实现某目标的结论，按照结论来行动，但逻辑推理只是合理进程安排的一部分；另外，合理进程安排途径涉及其他一些合理行动，这些行动不涉及推理但必须做。例如，从热火炉上拿开手是一种反射行为，通常这种行为比仔细考虑后采取的较慢的行为更正确。

图灵测试需要的所有技能也允许一个进程安排合理的行动。知识表示与推理使进程安排能够达成正确决定。我们必须能够生成可理解的自然语句以便在一个复杂的社会中生存；必须学习，是因为学习可提高我们生成有效行为的能力。

合理进程安排的途径与其他途径相比有两个优点。首先，它比"思维法则"的途径更普遍，因为正确的推理只是实现合理性的几种可能的机制之一；其次，它比其他基于人类行为或人类思维的途径更经得起科学发展的检验。合理性的标准在数学上定义明确且完全通用，可被"解决并取出"来生成合理性的进程安排设计。另外，人类行为可以完全适应特定环境，并且可以很好地定义为人类做的所有事情的总和。所以，研究合理进程安排的一般原则以及用于构造这样的进程安排的部件将是使用的一个重点。因为在现实中，尽管问题可被简单地陈述，但是在试图求解问题时各种各样的难题往往就会出现。但是，合理进程安排途径在复杂环境中不可行，因为计算要求太高。

1.2 人工智能理论基础

人工智能的目标是研发出模拟人类学习、思考、决策、行动的机器，这是一个极其复杂的过程，需要掌握各种学科的知识。

以下通过社会科学类和自然科学类来呈现人工智能与相关学科之间的关系。

1.2.1 自然科学类

1. 数学

数学用于编写机器学习的逻辑和算法，良好的数学知识是开发人工智能模型的必备技能。数学学科在人工智能领域需要回答的问题有：什么是能导出有效结论的形式化规则？什么可以被计算？我们如何用不确定的信息来推理？

布尔逻辑设计了命题逻辑，一阶逻辑在布尔逻辑基础上引入了对象与关系，欧几里得（Euclid）算法开辟了算法先河。

1931 年，哥德尔证明了确实存在演绎的局限，促使图灵尝试着去精确刻画哪些函数是可计算的（computable），能够被计算。之后，斯蒂文·库克（Steven Cook）和理查德·卡普（Richard Karp）开创的 NP-完全（NP-completeness）理论，为不易处理和计算的问题提供了解决办法。

除逻辑和计算之外，数学对人工智能的第三大贡献是概率（probability）理论。贝叶斯的规则构成了人工智能系统中大多数用于不确定推理的现代方法的基础。

2. 神经科学

神经科学提供有关人类大脑如何工作以及神经元如何响应特定事件的信息。这一学科基础使 AI 科学家能够开发编程模型，使其像人脑一样工作。深度学习和强化学习就是神经科学的应用。正是深度学习原理的公布，才有了现在人工智能研究和应用百花齐放的局面。对人类意识的产生和记忆、存储、检索原理的研究都是神经科学对 AI 的深入影响。

3. 计算机科学

人工智能是融合学科，是众多学科的共同产物。目前为止，人工智能以计算机科学为实践主要指导，计算机科学有众多理论、实践手段与方法去实践人工智能。

人工智能需要精密的计算机实现大规模的计算，同时需要软件编程实现操作系统、编程语言和程序设计。

计算机科学与人工智能相互促进，人工智能反向进入主流计算机科学，推动分时、交互式解释器、使用窗口和鼠标的个人计算机、快速开发环境、链表数据类型、自动存储管理以及符号化、函数式、说明性和面向对象编程的关键概念等领域的进步与发展。

4. 控制论

控制论描述了事物如何在自己的控制下运作，它是研究人类、动物和机器的控制和相互沟通的学科。控制论在人工智能领域需要回答人工智能如何在其自身控制下运转的问题。

诺伯特·维纳（Norbert Wiener）是创造现在称为控制论（Control Theory）的中心人物。他认为，有目的的行为是由试图最小化"误差"（当前状态与目标状态之间的差距）的调节机制引起的。维纳的著作《控制论》使公众认识到人工制造智能机器的可能性。

现代控制论，特别是被称为随机优化控制的分支，其目标是设计能随时最大化目标函数（Objective Function）的系统。这与关于人工智能的观点大体一致：设计能最佳表现的系统。二者略有不同，微积分与矩阵代数是控制论的工具，而人工智能在此基础上还纳入语言、视觉和规划等问题。

5. 大数据

大数据正在推动人工智能的快速发展，因为它提供了一个用于保存和查询大量数据集的平台。AI 需要处理大量数据来训练模型，不能将数据保存在一台计算机中，而大数据技术就起了重要作用。同时大数据也提供分布式计算环境，可用于在分布式系统上进行模型训练，保障了 AI 模型训练的数据量和效率。

1.2.2 社会科学类

1. 哲学

人工智能在哲学领域需解决如下重要问题："一台机器能聪明地行动吗？""它能像人类一样解决问题吗？""形式规则可用于推出有效的结论吗？""思想如何从物理的大脑中产生？""知识来自何方？""知识如何导致行动？"……

人工智能的研究目的是在人造机器上通过模拟人类的智能行为，最终实现机器智能。要做到这一点，就必须对"什么是智能"这个问题做出回答。正是人工智能研究者在哲学层面上对于"智能"的不同理解，使得人工智能在技术实践层面产生了不同流派。

2. 经济学

经济学在人工智能领域回答的问题是："我们应该如何决策以便收益最大？""当其他人不合作时我们应该如何做？""当收益遥遥无期时我们应该如何做？"

经济学中决策理论把概率理论和效用理论结合起来，在不确定情况下，即在概率描述能适当捕获决策制定者的环境的情况下，为做出（经济的或其他的）决策提供了一个形式化且完整的框架。

合理进程安排路径运用了较多经济学和运筹学中的相关研究，人工智能研究者赫伯特·西蒙（Herbert Simon）因其早期的工作在 1978 年获得诺贝尔经济学奖，其在工作中指出：基于满意度（satisficing）的模型而做出了"足够好"的决策，而不是费力地计算最优决策——给出了真实人类行为的一个更好的描述。然而由于理性决策的复杂性，经济学在人工智能的运用有限。

3. 伦理学

人类如何看待人工智能？是机器设备还是生物？

人工智能机器是否是思考的新物种？

如果承认人工智能是新物种，那么人类如何与之共存？

也许现在我们思考这个问题为时尚早，但是机器学习的进化速度惊人，甚至编写围棋AI程序的工作人员都不能理解机器学习进化的速度为何如此之快。所以需要以伦理学的视角去面对人工智能的发展与进化，以及对人类自身发展的影响。

4. 心理学

人工智能是一种对人类智能行为的模拟，通过现有的硬件和软件技术来模拟人类的智能行为，包括机器学习、形象思维、语言理解、记忆、推理、常识推理等一系列智能行为；而心理学则用于研究和发现人类和动物的思维过程。该学科使数据科学能够理解大脑、行为和人，这对于人工智能的研发也起着重要的作用。

心理学家唐纳德·布罗德本特（Donald Broadbent）的著作《知觉与传播》（*Perception and Communication*）是把心理现象建模成信息处理的最早著作之一。同时在美国，计算机建模的发展导致认知科学（Cognitive Science）的创建。"魔术数字7""语言的三种模型""逻辑理论机"三篇有影响的论文探讨了计算机模型可以如何分别应用于处理记忆、语言和逻辑思维的心理学。

目前心理学中的观点是"认知理论应该像计算机程序"，即认知理论应该描述详细的信息处理机制，靠这个机制可以实现某种认知功能。

5. 语言学

现代语言学在计算机领域的运用被称为计算语言学或自然语言处理。自然语言处理允许智能系统通过诸如英语之类的语言进行通信。自然语言处理经验是开发机器人工智能系统的必要条件。另外，人工智能学也需要一套适应于人工智能和知识工程领域的、具有符号处理和逻辑推理能力的计算机程序设计语言，能够用它来编写程序，求解非数值计算、知识处理、推理、规划、决策等具有智能的各种复杂问题。

基于此，人工智能学科是一个建立在广泛学科研究基础上的综合学科，从这些学科的交集中产生，同时又将研究结果应用到这些学科中去，大大推动相关学科领域的发展，以巨大的应用潜力来推动科技的快速进步，形成技术爆发的"奇点"。可以预见，人工智能在未来十年之内给人类带来的改变将远远超过计算机和互联网在过去几十年给人类带来的改变。这种改变必然会重构人类的生活、学习和思维方式。

1.3 人工智能应用概况

1.3.1 人工智能发展历程

随着诸多关键技术的突飞猛进，诞生半个多世纪以来，人工智能终于从研发走到如今的爆发期。回首往昔，人工智能经历过黄金时代，也曾有过低谷时期。那么人工智能如何诞生，在漫长的历史中又是怎么发展起来的？人工智能发展历程通常被概括为以下 4 个阶段，如图 1-4 所示。

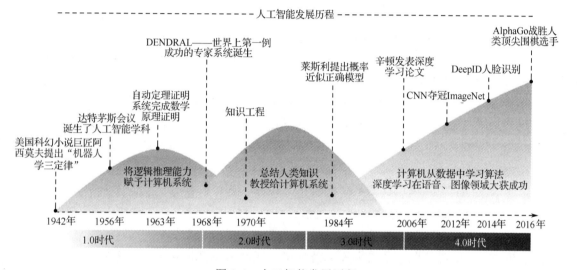

图 1-4 人工智能发展历程

1. 人工智能 1.0 时代：计算推理，奠定基础

人们普遍认为人工智能的最初构想是沃伦·麦卡洛克（Warren McCulloch）和沃尔特·皮茨（Walter Pitts）共同完成的。他们利用了三种资源：基础生理学知识和脑神经元的功能；罗素和怀特海的对命题逻辑的形式分析；图灵的计算理论。

1956 年夏天，美国达特茅斯学院举行了历史上第一次人工智能研讨会，达特茅斯会议被认为是人工智能诞生的标志。在会上，麦卡锡首次提出了"人工智能"概念，纽厄尔和西蒙则展示了编写的逻辑理论机器，而马文·明斯基（Marvin Minsky）提出的"智能机器能够创建周围环境的抽象模型，如果遇到问题，能够从抽象模型中寻找解决方法"这一定义，成为后 30 年智能机器人的研究方向。

在此阶段，许多学者遵循的指导思想是：研究和总结人类思维的普遍规律，并用计算机来模拟人类的思维活动。他们认为，实现这种计算机智能模拟的关键是建立一种通用的符号逻辑运算体系。这一阶段的代表性成果主要是艾伦·纽厄尔（A. Newell）和赫伯特·西蒙（H. Simon）两位后来的图灵奖得主研发的"逻辑理论家"程序，该程序在 1952 年证明了著名数学家罗素和怀特海的名著《数学原理》中的 38 条定理，并在 11 年后证明了全部的 52 条定理。

2. 人工智能 2.0 时代：知识表示，走出困境

随着研究的推进，人们逐渐认识到，单靠逻辑推理能力远不足以实现人工智能，人工智能由追求万能、通用的一般研究转入特定的具体研究，产生了以专家系统为代表的基于知识的各种人工智能系统。

DENDRAL 系统是这种方法的早期例子，该系统能根据质谱仪数据推断未知有机化合物的分子结构，它是一个启发式系统，把化学专家关于分子结构质谱测定法的知识结合到控制搜索的规则中，从而能迅速消去不可能为真的分子结构，避免了搜索对象以指数级膨胀，而通过产生全部可能为真的分子结构，它甚至可以找出那些人类专家可能漏掉的结构。DENDRAL 及附属的 CONGEN 系统商品化后，每天为上百个国际用户提供化学结构的解释。作为世界上第一例成功的专家系统，它使人们看到，在某个专门领域里，以知识为基础的计算机系统完全可能相当于这个领域里的人类专家的作用。

MACSYMA 系统是麻省理工学院于 1968 年开始研制的大型符号数学专家系统。1971 年研制成功后，由于它具有很强的与应用分析相结合的符号运算能力，很多数学和物理学的研究人员以及各类工程师争相使用，遍及美国各地的很多用户每天都通过 ARPA 网与它联机工作数小时。

在 DENDRAL 和 MACSYMA 的影响下，化学、数学、医学、生物工程、地质探矿、石油勘探、气象预报、地震分析、过程控制、计算机配置、集成电路测试、电子线路分析、情报处理、法律咨询和军事决策等各领域出现了一大批专家系统。

20 世纪 70 年代后期，随着专家系统技术的逐渐成熟和应用领域的不断开拓，人工智能又从具体系统的研究逐渐回到一般研究，围绕知识这一核心问题，人们重新对人工智能的原理和方法进行探索，并在知识获取、知识表示和知识推理等方面创建新的原理、方法、技术和工具。以爱德华·费根鲍姆（E. A. Feigenbaum）为代表的学者认为，知识是有智能的机器所必备的，于是在他们的倡导下，在 20 世纪 70 年代中后期，人工智能进入了"知识表示期"，费根鲍姆后来被称为"知识工程之父"。

知识工程的研究有利于促进专家系统从单学科专用型向多学科通用型的发展，出现了一批通用程度不等、类型不同的专家系统工具，包括骨架型工具、有更大通用性的语言型工具和知识处理系统环境。应该说，知识工程和专家系统是人工智能研究中最有成就的分支领域之一，为推进人工智能研究起到了重要作用。

3. 人工智能 3.0 时代：机器学习，迎来曙光

在人工智能"知识表示期"，大量专家系统问世，在很多领域做出了巨大贡献。但这些系统中的知识，大多是人们总结出来并手工输入至计算机的，机器能进行多少推断完全由人工输入了多少知识决定，人们意识到专家系统面临"知识工程瓶颈"，一方面寻找专家来输入大量知识的成本极高，另一方面对一个特定领域建立的系统无法用在其他领域中，缺乏通用性。20 世纪 80 年代末，人工智能"知识表示期"的技术局限日益突出，专家系统

维护困难、弱点不断暴露，日本五代机计划破产，人工智能第二次进入冬天。

于是，一些学者尝试让机器自己来学习知识，而不依赖于人工输入，由此进入人工智能 3.0 时代——从数据中学习有价值的知识。

1974 年，保罗·韦伯斯（Paul Werbos）创造了神经网络反向传播算法（Back Propagation，简称 BP 算法）。1981 年，韦伯斯在 BP 算法中提出多层感知机具体模型，使机器学习进入了新时代。1989 年，杨·勒丘恩（Yann LeCun）设计出了第一个真正意义上的卷积神经网络，BP 算法用于对手写数字的识别，这是现在被广泛使用的深度卷积神经网络的鼻祖。SVM（Support Vector Machine，支持向量机）代表了该程序的胜利，这是一种思想，通过隐式将输入向量映射到高维空间中，使得原本非线性的问题能得到很好的处理。而 AdaBoost 则代表了集成学习算法的胜利，通过将一些简单的弱分类器集成起来使用居然能够达到惊人的精度。随机森林出现于 2001 年，与 AdaBoost 算法同属集成学习，虽然简单，但在很多问题上效果却非常好，因此现在还在被大规模使用。

4. 人工智能 4.0 时代：深度学习，蓬勃兴起

2006 年，计算机科学家杰夫·辛顿（Geoff Hinton）和他的学生在顶尖学术刊物 Science 上发表了一篇论文[1]，提出了深度信念网络，开启了深度学习在学术界和工业界应用的浪潮。

深度学习可以让那些拥有多个处理层的计算模型来学习具有多层次抽象的数据的表示。这些方法在许多方面都带来了显著的改善，包括最先进的语音识别、视觉对象识别、对象检测和许多其他领域，例如药物发现和基因组学等。深度学习能够发现大数据中的复杂结构。

深度卷积网络在处理图像、视频、语音和音频方面带来了突破，而递归网络在处理序列数据，比如文本和语音方面表现出闪亮的一面。

2012 年，ImageNet 大赛上，Alex Net 经典网络运用 CNN 夺冠。2014 年，谷歌研发出 20 层的 VGG 模型。同年，DeepFace、DeepID 模型横空出世，在 LFW 数据库上的人脸识别、人脸认证的正确率达到 99.75%，几乎超越人类。2015 年，深度学习领域的三巨头勒丘恩、本希奥、辛顿联手在 Nature 上发表综述，对深度学习进行科普。2016 年 3 月，深度学习使 AlphaGo 打败李世石。

如图 1-5 所示，阿里巴巴的人工智能 ET 拥有全球领先的人工智能技术，已具备智能语音交互、图像/视频识别、交通预测、情感分析等技能。基于阿里云成熟的人脸核心技术，ET 的人脸识别已经覆盖了人脸检测、器官轮廓定位、人像美化、性别年龄识别、1 对 1 人脸认证和 1 对多人脸识别等多个方向，人脸检测精度在业内标准测试集 FDDB（Face Detection Data Set and Benchmark，脸部检测标准数据库）上检测精度达 92.7%，处于领先地位，人脸识别在 LFW（Labeled Faces in the Wild，人脸识别公开测试集）上识别率达 99.2%。

---

1. 论文题目为 Reducing the Dimensionality of Data with Neural Networks。

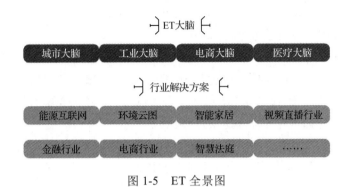

图 1-5　ET 全景图

1.3.2　人工智能产业图谱

18 世纪至今，以蒸汽机、电气技术、计算机信息技术为代表的三次工业革命使人类的生活水平、工作方式、社会结构、经济发展进入了一个崭新的周期。以交通场景为例，蒸汽机、内燃机、燃气轮机、电动机的发明，让人类的出行方式从人抬马拖的农耕时代跃入了以飞机、高铁、汽车、轮船为代表的现代交通时代。而在人工智能浪潮之下，仅自动驾驶这一项技术，就预计将彻底颠覆人类的出行方式，其影响力足以和现在的汽车、飞机的普及比肩。人工智能技术的飞速发展，会超越个人计算机、互联网、移动互联网等特定信息技术，将重新定义未来人类工作的意义以及财富的创造方式，进行前所未有的经济重塑，甚至深刻改变人类的社会与经济形态。

回顾科技史，如图 1-6 所示，互联网的发展经历了以个人计算机（PC）为主导和以智能手机为主导的产业周期，当前移动互联网红利逐渐消退，人工智能红利兴起，正处于两轮科技红利的交替期，未来将进入数据智能期。

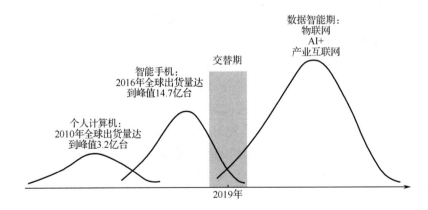

图 1-6　互联网发展历程（资料来源：中信证券研究部）

如表 1-1 所示，在产业层面人工智能产业链分为基础层、技术层和应用层。

表 1-1 人工智能产业链

应用层场景与产品	智能产品	家居	金融	客服	机器人	无人驾驶
		营销	医疗	教育	农业	制造
	应用平台	智能产品操作系统				
技术层感知与认识	通用技术	自然语言处理		智能语言	机器问答	计算机视觉
	算法模型	机器学习		深度学习		增强学习
	基础框架	分布式存储		分布式计算		神经网络
基础层硬件算力	数据资源	通用数据			行业数据	
	系统平台	智能云平台			大数据平台	
	硬件设施	GPU/FPGA 等加速硬件			智能芯片	

1. 基础层

人工智能基础层包括硬件和算力,硬件设备由 GPU/FPGA 等加速硬件和智能芯片构成,还包括智能云平台、大数据平台构成的系统平台,以及用于进一步进行计算的身份信息、医疗、购物、交通出行等通用数据和行业数据。

其中芯片是 AI 产业的关键技术。

2. 技术层

人工智能技术层包括基础框架、算法模型和通用技术。基础框架包括 TensorFlow、Caffe、Microsoft CNTK、Theano、Torch 等框架或操作系统。算法模型有机器学习、深度学习、增强学习等。进而产生了通用技术:语音识别、图像识别、人脸识别、NLP(Natural Language Processing,自然语言处理)、SLAM(Simultaneous Localization and Mapping,即时定位与地图构建)、传感器融合、路径规划等技术或中间件。

3. 应用层

人工智能应用层由应用平台和智能产品构成。应用平台指智能产品操作系统;智能产品结合应用场景,可以分为无人驾驶、家居、安防、交通、医疗、教育、政务、金融、商业零售等领域。后续章节会重点阐述。

1.3.3 各国人工智能应用概况

由于人工智能在新一轮产业革命中的重要意义,近年来,世界各国高度重视人工智能的发展,发布相关战略和规划,竞相对人工智能技术进行大量投资,培养和吸引人才,成立相关重要政府机构(例如阿联酋成立人工智能部)、重点实验室等,通过政策和资金等方式大力支持,积极推进语音识别、图像识别、深度学习、脑神经科学等技术和产业发展,纷纷抢占人工智能产业发展制高点。

1. 北美洲：领跑人工智能发展潮流，战略层面高度重视

● 美国

美国在人工智能发展方面具有明显的优势，从政府到企业对人工智能带来的变革都极为重视。科研机构对人工智能的重视程度也在不断加强，相关创新型产品迭代迅速。

美国政府成立多个人工智能管理与指导部门。美国白宫科技政策办公室连续发布《为人工智能的未来做好准备》《国家人工智能研究和发展战略计划》《人工智能、自动化与经济报告》三份重量级报告。2016年5月，美国白宫推动成立了机器学习与人工智能分委会（MLAI），专门负责跨部门协调人工智能的研究与发展工作，并就人工智能相关问题提出技术和政策建议，同时监督各行业、研究机构以及政府的人工智能技术研发。2018年5月，美国成立人工智能专门委员会，负责协调各联邦机构的人工智能投资，包括与自动系统、生物识别、计算机视觉和机器人相关的研究。同年6月，美国国防部成立联合人工智能中心（JAIC），旨在让国防部各人工智能项目形成合力，加速人工智能能力的使用、扩大人工智能工具的影响。2018年年底，美国又成立了人工智能国家安全委员会，委员会具有三大职责，包括考察人工智能技术在军事应用中的风险及对国际法的影响、考察人工智能技术在国家安全和国防中的伦理道德问题，以及建立公开训练数据的标准、推动公开训练数据的共享。

美国政府优先对人工智能投资。美国硅谷是当今人工智能发展的重点区域。聚集了从人工智能芯片到下游应用产品的全产业链企业。在人工智能融资规模上，美国在全球占主导地位，比重在60%以上。资本与政策共同发力，挖掘最具潜力的创业企业。2018年8月，美国发布《2020财年政府研究与开发预算优先事项备忘录》，指出美国政府必须在人工智能、自主系统等重点研发领域进行优先投资，应投资的项目为人工智能基础和应用研究，包括机器学习、自主系统和人类技术前沿的应用。同时美国参议院通过2019财年国防授权法案的草案，在人工智能和机器学习方面提供了额外资金以加速其研发和应用。美国国防高级研究计划局（DARPA）宣布将投资20亿美元开发下一波人工智能技术，用于资助DARPA新的和现有的人工智能研究项目，致力于打造具有常识、能感知语境和能源效率更高的系统。

美国推动软硬件系统协同演进，全面开发人机协作智能系统。在软件方面，提升人工智能系统的数据挖掘能力、感知能力并探索其局限性，同时推动系统革新，包括可扩展的、类人的、通用的人工智能系统的研发。在硬件方面，优化针对人工智能算法和软件系统的硬件处理能力，改进硬件体系架构，同时，推动开发更强大和更可靠的智能机器人。美国发布一系列相关报告，推动人工智能在美国的发展与应用。

2. 欧洲：各国相继出台人工智能重大发展战略

● 欧盟

2018年5月，25个欧洲国家签署《加强人工智能合作宣言》，强调作为"欧洲数字化的领导者"的北欧和波罗的海国家将加强人工智能方面的合作（合作的重点是发展和推动人工智能的应用、为社会提供更好的服务），以保持其欧洲数字化领先地区的地位，瑞典将在这一领域合作中发挥关键领导作用。

2018 年，欧盟的立法工作的重点之一在于辨析"人工智能伦理"问题，在人工智能和机器人领域倡导高水平的数据保护、数字权利和道德标准。2018 年 3 月，欧洲科学与新技术伦理组织发布《关于人工智能、机器人及"自主"系统的声明》，认为人工智能、机器人技术和自主技术的进步已经引发了一系列复杂的、亟待解决的道德问题，呼吁为上述技术系统的设计、生产、使用和治理制定共同的、国际公认的道德和法律框架。

同年，欧洲政治战略中心发布《人工智能时代：确立以人为本的欧洲战略》报告，对比欧洲与其他国家的人工智能发展情况，设计欧洲人工智能品牌的战略，人工智能发展过程中遇到的劳动者被替代问题和人工智能偏见问题及应对策略等。欧盟将在人工智能领域投资 15 亿欧元，并带动公共和私人资本参与，预计总投资将达到 200 亿欧元；促进教育和培训体系升级，以适应人工智能给就业岗位带来的变化；研究和制定人工智能新的道德准则，以捍卫欧洲价值观。

2018 年 6 月，欧盟委员会成立承担咨询机构角色的人工智能高级小组（AIHLG）并举行首次会议，起草有关人工智能"公平性、安全性和透明度"的指导方针，指导欧洲投资机器学习的进程，并将建议纳入欧盟人工智能政策制定流程、立法评估流程和下一代数字战略的制定。

● 英国

英国人工智能注重实效性，强调"综合施治、合力发展"，加速产学研的转换周期。

在政策资金支持上，英国政府拟斥资约 2 亿英镑，建立新的"技术学院"，针对雇主需求提供高技能水平的人工智能培训。2018 年 1 月，英国宣布投入超过 13 亿美元，力争在人工智能领域处于领先地位；4 月，英国政府发布了《人工智能行业新政》报告，推动英国成为全球人工智能领导者；11 月，英国政府宣布将拨款 5000 万英镑，用来更深入地开发人工智能在医疗细分领域的应用，以便提升癌症等多种疾病早期诊断和病患护理的效率，在 2019 年建立第一批人工智能医疗技术中心。

英国人工智能科学人才供给充足，具备领先的发展优势。最早的人工智能概念就由英国著名科学家阿兰·图灵提出，英国拥有以牛津大学、剑桥大学、帝国理工学院、伦敦大学学院和爱丁堡大学为代表的高等学府，以及以阿兰·图灵研究所为代表的众多智能研究机构，其创新型成果不断在全球范围内得到推广应用。英国人工智能的研发生态优良，研究人员、企业主、投资人、开发商、客户以及创新网络平台等，共同构成了一个丰富完善、良性循环的人工智能生态系统。

英国创新企业活力十足，高新技术产业转化率高，诞生了大量优秀的人工智能初创企业。例如，享誉全球的 AlphaGo 的研发公司 DeepMind，就是来自伦敦大学的初创公司。英国拥有大量的科技孵化机构，助力早期的人工智能初创企业并提供退出途径，以此推动产业链良性发展。

● 法国

2018 年 3 月，法国发布其人工智能发展战略，承诺提供数十亿欧元资金，以推动法国人工智能的研究，特别是在医疗保健和自动驾驶汽车领域。

● 德国

德国政府在工业机器人发展的初级阶段就发挥着重要作用，之后，产业需求引领德国工业机器人向智能化、轻量化、灵活化和高能效化方向发展。20 世纪 70 年代中后期，德国政府在推行"改善劳动条件计划"中，强制规定部分有危险、有毒、有害的工作岗位必须以机器人来代替人工，为机器人的应用开启了初始市场。2012 年，德国推行了以"智能工厂"为重心的"工业 4.0 计划"，工业机器人推动生产制造向灵活化和个性化方向转型。

柏林作为德国的首都以及科技类创业基地，囊括了将近一半的人工智能企业，远超慕尼黑、汉堡以及法兰克福等城市。德国"脑科学"战略重点是机器人和数字化。德国马普脑科学研究所和美国开展计算神经科学合作研究，并与以色列、法国开展多边合作。

德国以服务机器人为重点，加快服务机器人的开发和应用。德国联邦教研部在研究计划中有服务机器人的项目。德国联邦经济部的"工业 4.0 的自动化计划"的 15 个项目中涉及机器人的有 6 个。德国科学基金会通过计划和项目资助大学开展机器人基础理论研究，如神经信息学、人机交互通信模式、机器人自主学习和行为决策模式等。

德国同时推动"自动与互联汽车"国家战略，引领汽车产业革命。2015 年 9 月，政府内阁通过了交通部提交的"自动与互联汽车"国家战略。德国顶尖大学和研究机构对传感器、车载智能系统、连通性、数字基础和验证测试进行的广泛研发使德国在技术领域又一次走在前沿。德国以设备制造商和大学的紧密科研合作为特点，通过公共补贴项目，支持更高水平的自动驾驶大规模研发。

2018 年 7 月，德国联邦政府发布《联邦政府人工智能战略要点》，要求联邦政府加大对人工智能相关重点领域的研发和创新转化的资助，加强同法国的人工智能合作建设、实现互联互通。2018 年 11 月，德国联邦政府正式发布名为"AI Made in Germany"的人工智能战略，从而将人工智能的重要性提升到了国家的高度，该战略全面思考了人工智能对社会各领域的影响、定量分析了人工智能给制造业带来的经济效益、重视人工智能在中小企业中的应用，并计划在 2025 年之前投资 30 亿欧元用于推动德国人工智能的发展，这笔资金主要将用于使该国人工智能领域新增至少 100 名教授席位，建立由 12 个人工智能研究中心组成的全国创新网络。

3. 亚洲：紧追人工智能潮流，力争向先进国家看齐

除了中国，亚洲的日本、韩国、印度和阿联酋等国家的政府和企业界也都非常重视人工智能的发展，将物联网、人工智能和机器人作为新一轮产业革命的核心，还在国家层面建立了相对完整的研发促进机制。

● 日本

2018 年 6 月，日本政府召开人工智能技术战略会议，敲定了推动人工智能普及的实行计划；公布了 2018—2019 年度科学技术政策基本方针，突显大学改革、政府对创新的支持、人工智能、农业发展、环境能源等五大重点措施；在日本 2019 年度预算的概算要求中，科学技术领域的预算额较 2018 年度最初预算增长 13.3%，达到 4.351 万亿日元，重点用于人

工智能相关技术开发和人才培养等项目。

- **韩国**

2018 年 5 月，韩国发布其人工智能研发战略，并计划在五年内投入 20 亿美元助力国防、生命科学和公共安全领域应用人工智能解决方案，该计划还包括呼吁在未来五年内培训 5000 名人工智能专家。

- **印度**

2018 年，印度为"数字印度计划"拨款近 5 亿美元，推动人工智能、机器学习等技术发展，该计划不仅限于治理和服务，还延伸到军事部门；印度政府在 2018—2019 年度的财政预算中对人工智能拨款提高了一倍，达到 4.8 亿美元，并决定在人工智能、数字制造、区块链和机器学习等技术的研究、培训和技能开发方面投入巨资。2018 年 6 月，印度也发布了人工智能国家战略，以实现"AI for all"为目标，指出了印度人工智能发展的优势与问题，特别关注军事安全与道德隐私领域，并就印度人工智能国家战略的构建提出了框架方案，该战略将人工智能应用重点放在健康护理、农业、教育、智慧城市和基础建设与智能交通五大领域上，以"AI 卓越研究中心"与"国际 AI 转型中心"两级综合战略为基础，投资科学研究，鼓励技能培训，加快人工智能在整个产业链中的应用，最终实现将印度打造为人工智能发展模本的宏伟蓝图。

- **阿联酋**

2018 年 3 月，阿联酋内阁批准组建阿联酋人工智能委员会，以确保人工智能技术广泛应用于阿联酋各个领域。这是阿联酋继任命人工智能国务部长、发布人工智能国家战略、推出阿联酋版第四次工业革命战略之后，在人工智能领域提出的又一重大举措。该委员会将研究并确定人工智能技术可以融合的政府部门和领域，并为其开展相关基础设施发展提供建议。此外，人工智能还将被纳入阿联酋不同教育阶段。阿联酋人工智能委员会由阿联酋人工智能国务部长任主席，成员由联邦通信管理局、内阁事务和未来部以及各酋长国电子政务或智能城市部门负责人组成。

- **中国**

中国高度重视人工智能，并已获得一些发展，进入国际领先集团。

从国家层面政策角度分析，我国政策早期关注物联网、信息安全、数据库等基础科研，中期关注大数据和基础设施，而 2017 年后人工智能成为最核心的关注点，知识产权保护也成为重要主题。综合来看，中国人工智能政策主要关注以下六个方面：中国制造、创新驱动、物联网、互联网+、大数据、科技研发。地方政府积极响应国家人工智能发展战略，其中，《中国制造 2025》处于人工智能政策应用网络的核心，在地方人工智能政策制定过程中发挥着纲领性的作用。

从风险投资来看，根据 2013 年到 2018 年第一季度全球的投融资数据，中国已在人工智能融资规模上超越美国成为全球最"吸金"国家，但是在投融资笔数上，美国仍然在全球处于领先地位。北京的融资金额和融资笔数最高，且遥遥领先其他各省。上海、浙江、江苏和广东等地的表现也比较突出。

中国人工智能企业数量为全球第二，北京是全球人工智能企业最集中的城市。截至2018年6月，全球共监测到人工智能企业总数达4925家，其中美国人工智能企业总数为2028家，位列全球第一。中国（不含港澳台地区）人工智能企业总数为1011家，位列全球第二，其后分别是英国、加拿大和印度（见图1-7）。

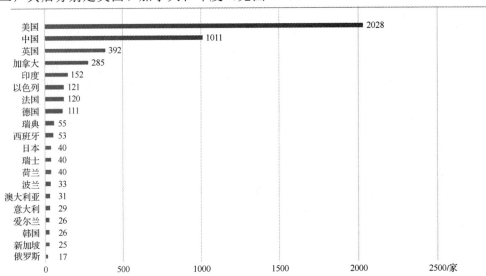

图1-7　人工智能企业数量（资料来源：清华大学中国科技政策研究中心，中国经济报告）

从城市角度看（见图1-8），在全球人工智能企业数量排名前20的城市中，美国9座，中国4座，加拿大3座，英国、德国、法国和以色列各占1座。其中，北京成为全球人工智能企业数量最多的城市，其次是旧金山和伦敦。上海、深圳和杭州的人工智能企业数量也进入全球前20。

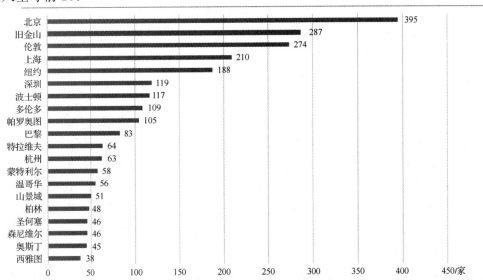

图1-8　人工智能企业城市分布（资料来源：清华大学中国科技政策研究中心，中国经济报告）

　　2018 年，全球人工智能发展迅猛，各国政府制定了广泛的人工智能战略与规划，包括全面的政策计划和伦理监管，促进技术研发与应用，加大对研究、活动、教育、企业和私人投资的财政支持，以解决人工智能带来的新威胁，引导人工智能技术合理有序发展，同时利用该领域发展带动其他技术和行业的进步，以增强各国的综合国力。

第2章

<<<<<<

人工智能让生活更便捷

→ **本章思维导图**

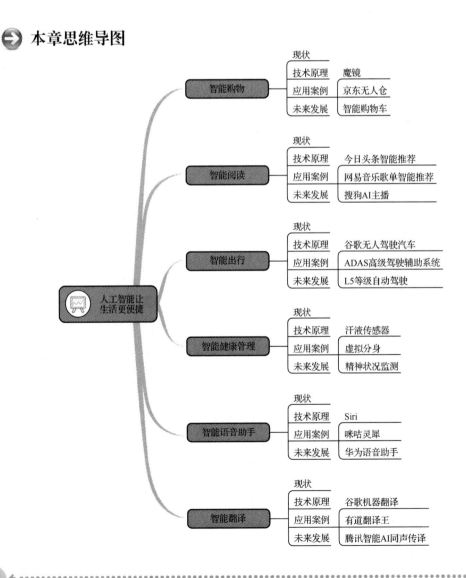

	现状	
	技术原理	魔镜
智能购物	应用案例	京东无人仓
	未来发展	智能购物车

	现状	
	技术原理	今日头条智能推荐
智能阅读	应用案例	网易音乐歌单智能推荐
	未来发展	搜狗AI主播

	现状	
	技术原理	谷歌无人驾驶汽车
智能出行	应用案例	ADAS高级驾驶辅助系统
	未来发展	L5等级自动驾驶

	现状	
	技术原理	汗液传感器
智能健康管理	应用案例	虚拟分身
	未来发展	精神状况监测

	现状	
	技术原理	Siri
智能语音助手	应用案例	咪咕灵犀
	未来发展	华为语音助手

	现状	
	技术原理	谷歌机器翻译
智能翻译	应用案例	有道翻译王
	未来发展	腾讯智能AI同声传译

人工智能让
生活更便捷

2.1 智能购物

智能购物指的是一切可以让购物行为变得更便捷、更智能的人工智能技术展现形式，无人便利店、智慧供应链、无人仓、智能购物车等都属于智能购物的范畴。

智能购物可以在大型购物超市内实现室内定位导航，使得顾客能够快速地找到自己想要的商品，在顾客购物时通过嵌入式系统为顾客提供商品信息，并且根据搜索记录和账户消费记录，提供个性化商品推荐，提升购物体验；也可以先在每件商品上贴上 RFID（Radio Frequency Identification，无线射频识别）电子标签，顾客在查询商品和结算缴费时直接将商品放在 RFID 高频读卡器区域，就可以自动完成结账，再通过人脸识别、指纹支付等智能支付手段，实现即时支付，等等。

2.1.1 智能购物的现状

人工智能融入购物，消费者可以同时体验现场挑选商品的乐趣和网上购物的便捷，零售商店乃至整个供应链也可以实现多种商品及客户管理需求。

从供给端来说，阿里巴巴等企业利用人工智能改变了商品的分销结构和供应链。在商品从企业到消费者的过程中，人工智能在物流中的应用是很重要的一环，智慧物流可以减少错误、提高效率，可以大大降低劳动力成本，保护工作人员免于受伤，提高整个供应链的效率。另外，人工智能可以通过分析消费者的行为数据，让商品选择更有效率，引导消费者购买更多的商品，企业还可以向目标消费者发送个性化广告和促销信息，刺激消费者购买商品。信息推送是阿里巴巴、腾讯等电商平台的关键组成部分，这些平台通过向消费者推送高匹配度的信息，提高用户的参与度和活跃度。有的平台还开发了智能定价系统，在流量稳定的情况下帮助提高平台的利润。

从消费者的角度来说，无人超市的体验比较直接。无人超市借助物联网、人工智能、射频识别等技术运作，在消费者进店时通过人脸识别等形式关联身份，开通免密支付，在选购完带有唯一 RFID 标签的商品后，穿过专门的结算通道，完成自动结算。

但是，智能购物也存在一些亟待解决的问题。比如，在虚拟购物环境中，消费者往往只能通过虚拟手段感知产品，这种方式带给消费者的体验感不够强烈，还会带来质量认知差异、物流配送、售后服务等问题。在真实世界中，智能购物尤其是消费端的智能体验也暂时没有得到普及，这与消费者的意识与素质、硬件与网络基础设施普及程度等都有关联。

2.1.2 智能购物的技术原理

不同的智能购物展现形式背后所应用的技术各有不同，下面以智能购物车自动结算为例，了解一下 RFID 的工作原理：

RFID 技术具有环境适应性强，可重复使用，传输范围广，可同时读取多个电子标签，可识别高速运动物体等特征，21 世纪，RFID 技术将会成为改变我们生活的一项重要技术。

RFID 系统由电子标签、读写器和数据管理系统三大部分组成，如图 2-1 所示。其电子标签可分为有源标签和无源标签，如表 2-1 所示。

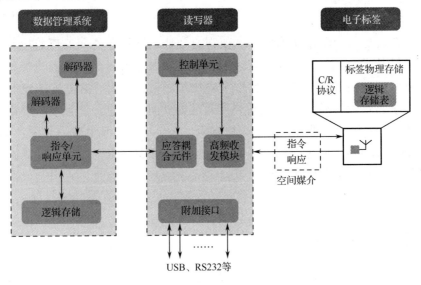

图 2-1　RFID 系统

表 2-1　电子标签分类对比

标签类别	有无电源	体积	成本	识别距离	使用寿命	防拆功能
有源标签	有	尺寸大	较高	较远	较短	无
无源标签	无	小巧	低	较远	长	有

2.1.3　智能购物的应用案例

1."魔镜"

英国 Apache Solutions 公司开发的"魔镜"于 2012 年 1 月在英国曼彻斯特的特拉福德购物中心向大众揭开了它的真面目。"魔镜"是一台 58 英寸 a 的等离子显示器，借助 3D 技术（类似于 Xbox 的游戏控制）来判断顾客的身材和离摄像机的远近，为镜前的顾客在镜中"穿"上他/她想试穿的衣服。顾客既不必花大把的时间在各个专柜走来走去，也不必一次次地把自己关入狭小的试衣间中。"魔镜"配有先进的运动感应器和增强现实技术（Augmented Reality，AR），后者能通过计算机技术，将虚拟的信息应用到真实世界中，将虚拟物与客观实体实时叠加，使二者同时存在于同一个画面或空间中，从而给客户带来真实感，如图 2-2 所示。

2.京东无人仓

京东自主研发的无人仓（见图 2-3）于 2018 年应用，采用大量智能物流机器人进行协同与配合，通过人工智能、深度学习、图像智能识别、大数据应用等技术，让工业机器人可以进行自主的判断和行动，完成各种复杂的任务，在商品分拣、运输、出库等环节实现自动化。

图 2-2　试衣魔镜

图 2-3　京东无人仓

商品的分类和打包完全由传送带和机器手完成，它们会根据商品本身的条码、订单信息条码来判断如何对商品进行排列组合和运输。所有商品的包装，都是机器根据实际大小当场裁剪切割泡沫包装袋或纸板包装箱，有利于科学合理地利用包装材料。在仓储区域，数以万计的商品由机器人和机器臂完成入库和出库。在无人分拣区域，分拣机器人所有的路线都由计算机控制自行选择。在出库区域，小型 AGV（Automated Guided Vehicle，自动导引运输车）负责将每个小包裹按照订单地址投放到不同的转运包裹中，中型 AGV 完成第二轮分配和打包，大型 AGV 则直接把最后要送往京东终端配送站点的大包裹送上传送带。无人仓中操控全局的智能控制系统，是京东自主研发的"智慧"大脑，可以在 0.2 秒内，计算出 300 多个机器人运行的 680 亿条可行路径，并做出最佳选择。京东称，这样的无人仓效率是传统仓库的 10 倍。

3. 智能购物车

智能购物车以芯片为核心控制系统，由阅读器、重量传感器模块、无线通信模块和语音模块等构成，可以完成定位导航、商品查询、即时支付、个性化推荐等功能，嵌入式系统的液晶触摸屏则提供人机交互服务。

首先，顾客通过触摸屏查询商品并生成购物清单，智能购物车根据数据管理系统查询到商品位置，并规划出最佳购物路线，直接在购物车屏幕上显示超市的电子地图。接着，随着购物车的移动，阅读器将会自动识别商品上 RFID 标签的内容并定位所需商品，然后将目标商品放入购物车内，RFID 阅读器和购物车内重量传感器同时检测，保证商品 100% 的识别率。最后，进行智能结算，从用户账户上扣除消费金额，实现即时支付。

当超市给货架上货时，工作人员给每个商品贴上电子标签，通过后台数据管理系统录入此商品的详细信息，并通过阅读器写到相应的电子标签里。可以在促销信息变化或者物品价格变化时随时更新信息，同时也方便管理人员了解商品的销售量、存货数量、生产日期等信息，为进货、促销提供一些数据参考。

另外，通过身份验证，智能购物车直接建立各商品之间的相似度关系矩阵，通过对顾客进行大数据分析，推算顾客可能要购买的商品，并在智能购物车上进行广告精准投送，为消费者推荐超市促销商品。

2.1.4 智能购物的未来发展

零售业将成为人工智能时代中最受益的行业之一。根据埃森哲预测，到 2035 年，人工智能可为批发和零售业带来超过 2 万亿美元的额外收益，相当于 36% 的额外增长。零售商可以利用人工智能的自动化来优化库存和仓库管理。同时增强版的现实技术可以让消费者沉浸在身临其境的购物体验中，比如，未来我们可以采用虚拟现实设备或者增强现实技术，在虚拟商店甚至是虚拟生活环境中采购实物商品，还可以与之互动。总体而言，未来，我们的购物清单、购物行为、支付行为等都会发生重大的变化，让我们拭目以待。

2.2 智能阅读

用户在信息时代会面对大量信息和数据，信息过载问题逐渐困扰着我们，在面对海量信息时常常无法从中获得对自己真正有用的信息，信息的有效性反而降低了。在此背景下，智能阅读应运而生，旨在帮助用户高效获取信息。从用户端而言，智能推荐系统是解决这个问题最常规的办法；从供给端而言，智能 AI 主播、智能采编等是未来的发展方向。

2.2.1 智能阅读的现状

信息时代的发展为用户带来信息过载的挑战，也自然为商家带来了如何及时、恰当地给用户推荐信息的挑战。而推荐系统的诞生极大地缓解了这个问题。

推荐系统是一种信息过滤系统，能根据用户的档案或者历史行为记录，学习出用户的兴趣爱好，预测出用户对特定物品的评分或偏好。它改变了商家与用户的沟通方式，加强了商家和用户之间的交互性。

智能推荐之所以能如此受欢迎，是因为它能基于用户画像对用户做出一系列反馈。以资讯类 App 为例，有些软件会先让用户选择标签来决定后面推荐什么内容，这些标签包括行业标签、人物标签、产品标签、兴趣标签等，有了标签就有了简单的用户画像，以后推荐频道就会有相应的内容了。而智能的机器推荐则无须用户选择标签，自从用户打开 App，机器便会自动记录用户的搜索、浏览、收藏、关注、点赞、评论、转发等行为，再结合浏览某一类资讯的时长、频次、参与度等参数，刻画出一个精准的用户画像。这种推荐不仅适用于图文类资讯，视频类包括小视频应用也同样适用。同时，推荐内容会根据用户喜好的变化而随时变化，在用户的喜好上它还能自动纠错和筛选，最终实现推荐的内容和用户的兴趣完美匹配。

2.2.2 智能阅读的技术原理

下面以智能推荐为例，简单介绍智能阅读的技术原理。所谓智能推荐，就是把合适的内容推送给合适的人，平台相当于流量分发机器。推荐算法大致分为三类：基于内容的推荐算法、协同过滤算法、基于知识的推荐算法；此外还有以加权、串联、并联等方式融合以上三种算法的方法。相比人工推荐，智能算法推荐投入产出比更高、覆盖面更广、个性化程度更高。

基于内容的推荐算法的原理是在用户喜欢和自己关注过的项目的基础上推荐内容类似的项目，比如用户看了电影《复仇者联盟1》，基于内容的推荐算法发现复仇者联盟系列其他电影，与用户观看的在内容上面（共有很多关键词）有很大关联性，就会把后者推荐给用户。推荐算法的一个缺点是推荐的项目可能会重复。典型的应用就是新闻推荐，如果用户看了一则关于人工智能的新闻，很可能推荐的新闻会和用户浏览过的内容并无二样。另外一个缺点是对于一些多媒体的推荐（音乐、电影、图片等），由于很难提取内容特征，因此很难进行推荐，遇到这个问题时一般通过人工给这些项目打标签的方法来解决。

协同过滤算法的原理是用户喜欢那些具有相似兴趣的用户喜欢过的商品，比如用户的朋友喜欢电影《复仇者联盟》，那么就会推荐给用户，这是最简单的基于用户的协同过滤算法（User-based Collaborative Filtering），或者基于元素的协同过滤算法（Item-based Collaborative Filtering），这两种方法都是将用户的所有数据读入到内存中进行运算的，这两种都属于基于记忆的协同过滤算法（Memorybased Collaborative Filtering）。另一种基于模型的协同过滤算法（Model-based Collaborative Filtering）训练过程比较长，但是训练完成后，推荐过程比较快。

最后一种方法是基于知识的推荐算法，也有人将这种方法归为基于内容的推荐，这种方法比较典型的是构建领域本体，或者是建立一定的规则进行推荐。

混合推荐算法则会融合以上方法，以加权或者串联、并联等方式融合。

2.2.3 智能阅读的应用案例

1. 今日头条智能推荐

今日头条的个性化推荐引擎，能够根据用户的兴趣、位置等多个维度进行个性化推荐，推荐内容包括新闻、音乐、电影、游戏、购物，等等。其中个性化推荐引擎对兴趣的挖掘主要根据其社交行为、阅读行为、地理位置、职业、年龄等信息来进行。还可以做到 5 秒内计算出用户兴趣，用户每次动作后，10 秒内更新用户模型。在个性化推荐引擎内部，会对每条用户信息提取几十个到几百个特征，并进行降维、聚类等计算，去除重复信息，同时对信息进行机器分类、摘要抽取、主题分析（LDA）、信息质量识别等处理。

今日头条之所以能够非常懂用户，精准推荐用户所喜好的新闻，完全得益于算法，而正是精准推荐，使得今日头条在短短几年的时间内拥有了数亿用户，每天有超过 2000 万用户在今日头条上阅读自己感兴趣的文章。

今日头条的个性化推荐算法是基于投票的方法，其核心理念就是投票，每个用户一票，喜欢哪一篇文章就把票投给这篇文章，经过统计，最后得到一篇很可能是在这类人群中评价最好的文章，并把这篇文章推荐给同类用户。这一过程就是个性化推荐。实际上个性化推荐并不是机器给用户推荐，而是用户之间在互相推荐，看起来似乎很简单，但实际上这需要基于海量的用户行为进行数据挖掘与分析。

2. 网易音乐歌单智能推荐

每一个用户都有自己的偏好，比如你喜欢爵士音乐，我喜欢小清新的音乐，各不相同。假设一首歌带有某用户偏好的元素，那么网易音乐就将这首歌推荐给该用户，也就是用元素去连接用户和音乐。网易音乐歌单推荐的基础算法也是协同过滤算法，可以分两个部分理解，一个是基于用户，另一个是基于歌曲。基于用户就是如果用户间收藏的歌单相似度很高，那么在判断用户口味相似的基础上，可以给对方推荐己方歌单里对方没收藏过的单曲。基于歌曲就是将用户对一首歌的偏好作为向量计算单曲之间的相似度，比对相似度后，根据这个用户历史偏好为另一位用户推荐单曲。

3. 搜狗 AI 主播

2019 年现身于央视的 AI 主播名叫"姚小松"，是由搜狗 AI 成功与央视合作开发的。这位 AI 主播的形象和声音以央视主持人姚雪松为原型，与真人并无二异。在我们大众看来，这位 AI 主播不仅能像真人一样播报新闻，甚至毛发牙齿都清晰可见（见图 2-4）。这意味着前沿人工智能技术与新闻采编深度融合的创新突破。

用户只需要输入新闻文本，AI 主播就能用和真人一样的声音进行播报，而在播报的过程中唇形、面部表情等细节也能与真人主播完全吻合，效果惟妙惟肖。除此之外，"搜狗分身"技术还能仅靠少量用户真实音视频数据，即可快速定制出高逼真度的分身模型，显著降低了个性化定制成本，进而帮助人类提高信息表达和传递的效率。作为真人主播的拟人化分身，AI 主播应用场景广泛，是真人主播坚实的后盾，堪称媒体行业的"后备军"。未来在重大活动、突发新闻、财经新闻、消费民生等时效性要求较高的新闻播报领域，AI 主播将大有可为。

图 2-4　AI 主播现身央视

2.2.4　智能阅读的未来发展

据报道，推荐系统给 Netflix 带来了高达 75%的消费，Youtube 主页上 60%的浏览来自推荐服务。

对于推荐系统而言，用户画像是其核心功能，目前，主流的用户画像方法一般是基于机器学习尤其是有监督的机器学习技术。这类方法从用户数据中抽取特征来作为用户的表示向量，并利用有用户属性标签的数据作为有标注数据来训练用户画像预测模型，从而对更多的没有标签的用户的属性进行预测。未来我们可以期待：

（1）提升用户画像的精度。随着深度学习技术的发展和成熟，利用深层神经网络从用户原始数据中自动抽取深层次的、有信息量的特征来构建用户的特征表示，能够有助于更加充分地利用用户数据并有效提升用户画像的精度。

（2）产生能够整合多源和异构数据的用户画像。用户产生的数据往往来源于不同的平台，并且具有不同的结构，比如结构不清晰的社交媒体文本数据、结构较清晰的电商网站购买记录等；同时，数据还具有不同格式，比如文本数据和图像数据。多源异构数据给用户画像带来了很大的挑战。设计一个深度信息融合模型来利用不同来源、不同结构用户数据进行用户建模，是未来用户画像领域的一个重要方向。基于深度神经网络的协同学习和多通道模型可能是值得尝试的技术。

（3）在不侵犯用户隐私的前提下共享不同平台的用户画像。目前很多用户数据存在于不同的平台和公司中，例如电商网站拥有用户的商品浏览、购物、收藏和购买信息，搜索引擎公司拥有用户的搜索和网页浏览记录等。如果这些平台用户画像可以共享，就可以构建更完整真实的画像。不过，平台之间直接共享用户信息肯定会侵犯用户隐私。在不转移和不共享用户数据的情况下，充分利用不同平台的用户信息实现协同用户画像和建模是值得研究的一个方向。

未来推荐系统的效率、可解释性及用户隐私问题都是智能阅读的研究重点。未来的推荐系统，可以处理多源异构的用户行为数据，捕捉用户长短期的偏好，并且拥有较强的解释能力，同时符合用户隐私的需求。我们相信个性化推荐系统将在准确性、多样性、计算效率，以及可解释性多个不同的方向持续演进。

2.3 智能出行

智能出行时代，多维度、高价值的海量数据不断被收集、应用并实现迭代，呈指数级增长的计算力将有效捕获、聚集及分析相关数据，将数据资源转为资产，进而将资产转为价值，这也将是智能出行的具体内涵。我们在日常生活中体验到的如公车到站提醒、交通路线安排等都有人工智能的身影。

2.3.1 智能出行的现状

随着移动互联网、大数据、云计算、车联网等技术应用到公共交通领域，居民的出行将越来越方便，交通管理部门也能够更好地为大家提供服务。智能出行带给我们非常大的有关未来生活的想象空间。这绝对不是未来的汽车都不需要司机，我们可以躺在车里睡觉、听音乐这么简单的一件事。

不过，尽管中国的一些特大城市已初步建立并使用了智能交通系统，但目前这些智能交通系统还存在一些问题。

（1）设备数量增加后，设备故障问题尤其突出。随着系统规模扩大，设备布点增加，设备故障数量也会增长。目前一、二线城市基本都实现了电子警察设备在重点路口、路段的全覆盖，建设规模均能达到上千台摄像机及相应的控制设备，如某省会城市仅在 2018 年就布局了 1700 个 AI 路面摄像头，还不包括其他用途的设备。同时，由于各厂商产品质量良莠不齐，设备实际完好率不高，也会给政府和投资方造成浪费。

（2）智能交通系统规模扩大后，系统可靠性与稳定性也需要保证。智能交通系统复杂度和整合程度越来越高，以某地级市为例，智能交通系统由近 200 台服务器和 2000 多台前端设备组成，包括信号控制、交通流量采集、交通诱导、电子警察、卡口等子系统，数据要和省级交管平台、区县级交管子平台、公安业务集成平台等系统相连。

（3）数据质量不高限制了智能交通业务高水平的扩展应用。智能交通应用需要高质量的数据源，而目前设备长时间运行的性能得不到保证，数据质量也会出现问题。现代化的交通诱导和交通信号控制需要实时准确的交通流量数据，以供交通状态判断以及短时交通预测使用。而由于目前系统健壮性不足，难以自行判断数据质量，从而使得交通诱导和信号控制系统不能发挥预期效用，从而影响了整体智能交通系统的投资价值。

（4）信息安全隐患。当前针对智能交通的研究还只是偏重于其功能的实现，忽略了其信息安全问题。实际上，在信息的收集、传输、处理各个环节，智能交通都存在严重的信息泄露、伪造，网络攻击，容忍性差等安全问题。

另外，还存在管理体制不完善、交通基础设施落后、对市场认识不够等客观问题。

2.3.2　智能出行的技术原理

让出行变得更智能，从产业的角度来说可以是对整个交通行业进行管理变革，从消费的角度来说也可以是对交通工具的升级改进，具体可表现为智能调度、航空路线安排、智能导航、无人驾驶等形式。

从产业变革的角度出发，如科技谷推出的智能出行大脑（见图 2-5），是依托于丰富的民航和铁路大数据领域知识，运用人工智能技术，实现旅客和航线知识的学习、推理、迁移和管理的大型行业应用。

图 2-5　科技谷智能出行大脑

出行大脑集成诸多 NLP（神经语言程序学）工具、使用深度学习模型，加上 GPU+CPU 异构运算，推动多个领域产业化案例的落地。出行大脑可以以迁移学习实现航司优惠券投放和旅客多重倾向量化，以多任务半监督学习实现旅客缺失标签的推断填充，通过构建循环和递归网络学习航班网络 OD（Origin-Destination，起点-终点）市场份额和旅客偏好之间的关系，等等，可预测旅客未来的出行时间、旅游目的地，预测节假日旅客出行状态，合理推导出最优路线，成功避开拥堵路段，为旅客节省更多的时间和成本，为目标客户实现精准营销。

从交通工具的角度出发，无论是飞机的自动驾驶，还是汽车的自动驾驶，都具备一个基本的技术概念模型，包括感知单元、决策单元、控制单元，如图 2-6 所示。

感知单元：主要由各种传感器和感知算法组成，用于感知交通工具行经路线上的实时环境情况。

决策单元：主要由控制机械、控制电路或计算机软硬件系统组成，用于根据环境信息决定对交通工具施加何种操作。

图 2-6 自动驾驶系统的基本概念模型

控制单元：主要通过交通工具的控制接口，直接或间接操控交通工具的可操纵界面（如飞机的操纵面或汽车的方向盘、踏板等），完成实际的驾驶工作。

车辆导航系统则根据诸多因素为车辆提供引导服务。从路径特性与驾驶员特性两个方面进行分解，前者包括行程时间、行驶距离、拥挤程度、路线所经过交叉口的数量及控制方式等；后者包括驾驶员的驾驶经验、个人偏好、出行目的等。驾驶员选择路线的准则呈现多样性，不同驾驶员有各自的偏好，但是限于可计量性和数据可获得性，系统提供的可选准则是有限的。对用户信息需求多样性与系统提供信息能力有限性做折中处理，可以提供以行程时间、行驶距离、拥挤程度、道路属性和综合费用为准则的最优路径，供具有不同偏好的出行者选择或参考。

2.3.3　智能出行的应用案例

1. 谷歌无人驾驶汽车

2014 年，一辆崭新的、长着可爱的卡通版身躯的谷歌无人驾驶汽车在著名的谷歌 X 实验室问世（见图 2-7）。这辆汽车除了萌萌的造型之外，最大的与众不同之处在于，这是一辆完全不需要人工干预的自动驾驶汽车，它没有方向盘，没有油门，没有刹车踏板，乘客只要上车，说出自己要抵达的目的地，就可以享受世界上第一辆完全意义上的无人驾驶汽车的周到服务。

图 2-7　在实际路面上进行测试的谷歌新一代无人驾驶汽车

在人工智能大发展的时代里，谷歌在自动驾驶领域最早投入了研发力量，最早获得技术突破，在过去的数年间完成了累计里程最长的高级别无人驾驶道路测试。由于谷歌对于自动驾驶技术的高度谨慎，对普通人来说，谷歌的无人驾驶汽车虽然已经是硅谷道路上的常客，但其商业模式却一直滞后，基本上停留在市场宣传层面，面向最终消费者的销售尚遥遥无期。

2. ADAS 高级驾驶辅助系统

ADAS（Advanced Driving Assistant System）高级驾驶辅助系统利用安装在车上的各式各样传感器，在汽车行驶过程中随时来感应周围的环境，收集数据，进行静态、动态物体的辨识、侦测与追踪，并结合导航仪地图数据，进行系统的运算与分析，从而预先让驾驶者察觉到可能发生的危险，有效增加汽车驾驶的舒适性和安全性。ADAS 高级驾驶辅助系统实用功能非常多，而且可根据车主的不同需求来选择。以欧果 G2 智能 HUD 行车安全助手为例，ADAS 系统主要包含三大实用功能：

（1）车道偏移预警：车辆压线、跑偏时及时提醒，避免疲劳驾驶。

（2）前距防撞预警：前车突然减速或前车变道加塞时及时提醒。

（3）前车启动提醒：塞车或等红绿灯时，前车启动后及时提醒。

欧果 G2 这项技术的实现是通过 ADAS 高级驾驶辅助系统专用传感器摄像头采集车身周围环境，运用两大智能车载运算系统，分析车辆实时安全系数的方式来实现的。

3. L5 等级自动驾驶

5G 时代，云端数据量将高速增长，大数据分析使人机交互更加完美，可提高终端的语音识别准确性和实用性。现在的汽车只能解决部分自动驾驶问题，对远距离以及复杂道路的完全感知还无法实现，其中很大一部分原因是环境感知技术不够完善。5G 时代以后，C-V2X 技术会使环境感知技术得到爆发式增长。C-V2X 是车联网产业的统一的通信标准之一，C-V2X 规范于 2017 年完成后，在全球取得了积极进展，被欧洲电信标准协会、国际自动机工程师学会（SAE International）等相关组织采用。即使在远距离范围，这项技术也可以使汽车的信息传输速率达到毫秒级的要求，是在真正意义上实现 L5 等级的自动驾驶技术。驾驶分为 6 个等级，见表 2-2。

表 2-2 SAE International 驾驶等级

等 级	叫 法	转向、加减速控制	对环境的观察	激烈驾驶的应对	应 对 工 况
L0	人工驾驶	驾驶员	驾驶员	驾驶员	—
L1	辅助驾驶	驾驶员+系统	驾驶员	驾驶员	部分
L2	半自动驾驶	系统	驾驶员	驾驶员	部分
L3	高度自动驾驶	系统	系统	驾驶员	部分
L4	超高度自动驾驶	系统	系统	系统	部分
L5	全自动驾驶	系统	系统	系统	全部

同时，高精地图也是自动驾驶技术必不可少的元素，高精地图提供了精准的道路信息。同样通过 V2X 技术和高精定位技术，结合 5G 的高带宽、低时延特征，车辆可以实现实时的道路检测，有助于驾驶更安全，使高精地图将不再成为自动驾驶技术的瓶颈。

2.3.4　智能出行的未来发展

自动驾驶将是中国未来 10 年科技发展面临的最重要的机遇之一。中国有全球最大的交通路网、最大的人口基数，自动驾驶的大规模商业化和技术普及反过来会促进自动驾驶相关科研的良性循环。

在未来的每个中国家庭的主要用车场景里，上下班可以用手机呼叫附近的自动驾驶出租车，商务活动可以预先约好自动驾驶的商务汽车，家庭购物、游玩既可以呼叫附近的共享汽车，也可以亲自驾驶私家车体验驾车乐趣……那个时候，每一个共享的自动驾驶汽车都没有驾驶员，约车服务完全由计算机算法根据最优化的方案，在最短时间内将自动驾驶汽车匹配给需要用车的消费者。

城市路面的公交系统，主要由自动驾驶汽车担任运输主力。城市之间的货物运输，也是因为有了自动驾驶系统而更加便捷、高效。这样一来，整个城市的交通情况将会得到翻天覆地的变化。因为智能调度算法的帮助，共享汽车的使用率会接近 100%，城市里需要的汽车总量则会大幅减少。需要停放的共享汽车数量不多，只需要占用城市里有限的几个公共停车场的空间就足够了。停车难、大堵车等现象会因为自动驾驶共享汽车的出现而得到真正的解决。那个时候，私家车只用于满足个人追求驾驶乐趣的需要，就像今天人们会到郊区骑自行车锻炼身体一样。

麦肯锡公司预测，到 2030 年时，自动驾驶技术的普及将为现有的汽车工业带来约 30% 的新增产值，这部分销售额包括受益于自动驾驶技术而获得更大发展空间的共享汽车经济，例如，在目前的交通拥堵和人口稠密地区、远郊区域等，利用自动驾驶技术可大幅提高共享经济的发展空间。因自动驾驶技术的普及而发展起来的车上数据服务，如应用程序、导航服务、娱乐服务、远程服务、软件升级等，也会有新的发展。2020 年左右，预计销售总额大约为 2.7 万亿美元，售后服务销售额大约为 7200 亿美元，共享经济等新兴业务的销售额只有约 300 亿美元。而到 2030 年时，前两项业务的销售额将稳步增长，而由自动驾驶技术驱动的新兴业务的销售额将大幅增长到 1.5 万亿美元，成为刺激汽车工业增长的最大因素。

2.4　智能健康管理

智能健康管理可以说是最早开始也是最贴近普通民众的人工智能医疗产品。智能健康管理的范围特别广泛，从日常饮食管理、健康计划，到医院手术管理、药物研发等，都可理解为智能健康管理。

对个体而言，通过收集病人的饮食习惯、锻炼周期、服药记录等个人信息，利用可穿戴传感器搜集正常人的体液、心律等关键数据，用 AI 进行数据分析并评估用户的状态，人工智能可以识别疾病发生的风险并提供降低风险的措施，进而推算出适合用户的日常生活模式和定制个性化的健康管理计划。智能健康管理关注的不仅仅是身体上的健康，同时也可以运用人工智能技术通过用户的语言、表情、声音等数据进行情感识别，从而分析出用户的精神健康状况。

从医疗行业的角度来看，医疗行业拥有大量的病例、病理报告、治愈方案、药物报告等，如果这些数据可以被整理和应用将会极大地帮助医生和病人。在医生诊断疾病时，疾病的确诊和治疗方案的确定是最困难的。在未来，借助于大数据平台我们可以收集不同病例和治疗方案以及病人的基本特征，可以建立针对疾病特点的数据库。如果未来基因技术发展成熟，可以根据病人的基因序列特点进行分类，建立医疗行业的病人分类数据库。在医生诊断病人时可以参考病人的疾病特征、化验报告和检测报告，参考疾病数据库来快速确诊。医生可以依据病人的基因特点，调取相似基因、年龄、人种、身体情况相同的有效治疗方案，提出适合病人的治疗方案，帮助更多患者及时进行治疗。同时这些数据也有利于医药行业开发出更加有效的药物和医疗器械。

2.4.1 智能健康管理的现状

从患者的视角来看，近年来借助"互联网+"和移动应用等信息技术，患者的就医效率和体验得到了极大提升，如可以远程挂号、远程问诊、远程查验报告等，节省了很多时间和精力。但医疗资源不平衡的矛盾并没有得到解决。与此同时，人口老龄化、慢性病发病率走高等压力也将进一步激化医疗资源不平衡的矛盾。而2017年，人工智能在智能导诊、语音电子病历、影像辅助诊断等环节所表现出的能力，可以将医生从繁重的重复性劳动中挣脱出来，为解决医疗资源不平衡提供了新思路。

2017年，人工智能在健康医疗领域也迎来了一波大爆发，人工智能带给医疗行业和健康产业的想象空间是无限的，但要真正大规模应用于临床，它还面临着不少困难。

首先，人工智能必须有大数据的支撑，尤其健康医疗领域，缺少高质量数据支撑是无法得出可靠结论的。相比于金融大数据与交通大数据，我国健康医疗数据非常不完整、不集中，质量不高。此外，人工智能很多底层技术仍处于研发阶段，这就让健康医疗人工智能也处在初级阶段。例如，在超过100种的癌症中，人工智能技术目前仅能精准识别乳腺癌、宫颈癌、胃癌、肺癌、肝癌等少数病种，大规模突破还需时间。

其次，与其他人工智能应用相比，健康医疗人工智能还会受到道德、伦理和法理的挑战。由于人工智能在健康医疗领域的算法模型设计可能会有编程人员的主观选择和判断，而且数据也不尽全面、真实，这就导致人工智能诊断结果可能会出现问题。如果人工智能的决策导致发生意外，谁应该对其负责？人工智能研发人员应该有哪些法律权利和义务？尚有一系列的问题等待我们去发掘和认同。

2.4.2 智能健康管理的技术原理

智能健康管理的技术原理以可穿戴传感器为例。可穿戴传感器通过集成到智能手环和贴片的方式可以产生与人体健康相关的生物分子数据，当大量的数据被收集之后，人工智能就可应用在数据分析上，用来揭示其与健康状况之间存在的联系，为个人化即时诊断和疾病预防提供了巨大潜力。

2.4.3 智能健康管理的应用案例

1. 汗液传感器

人们用可穿戴式智能设备，可以随时随地做汗液检测，得到像血液检测那样丰富有用的健康数据，7×24 小时监测你的健康状况。Eccrine Systems 是最早布局汗液检测的公司之一。Eccrine Systems 可以对微量汗液做检测，不需要人体大量出汗，因此打破了场景限制，全天都可以实时检测。它的关键产品是 Sweatronics 技术平台，核心技术结合了微流控技术、纳米技术、微型电子和能源管理等。Eccrine Systems 主攻汗液皮质醇，可以科学有效地通过分析汗液反映人体状况，判断用药依从性、营养情况，辅助诊断。面向工业、医疗、体育市场，用户主要是美国军方、职业运动俱乐部等机构。

例如，Kenzen Patch 是 Kenzen 推出的新一代汗液传感器，它贴在人体皮肤上，外型小巧，可以弯曲。它结合了传感器和人工智能预测模型，来监测人体的指标，包括心率、出汗率、体温和活动状况。Kenzen 的传感器会把数据实时传输到手机上，我们可以通过 App 实时看到自己的身体状况、健康建议和健康预警；相应的医护人员也可以看到我们的健康状况。

2. 虚拟分身

患者的虚拟分身类似于一个搜集所有患者数据并随时进行分析跟进的人工智能系统。随着人工智能算力的提高，可以产生的数据量也会增加，从而提高数据的价值，可以对个人和社会的健康状况提供更好的诊断，通过虚拟分身实时分析的数据与医生分析有限的数据相比，能获得更高的价值和更准确的结果。

虚拟分身还可以基于现有数据的分析确定是否需要额外的数据以及需要什么类型的数据，如果患者的健康趋势是负面的，那么医生或专家可以访问患者的虚拟分身来确定需要采取什么措施，在人工智能的帮助下，虚拟分身自己也可以执行类似的诊断任务。虚拟分身的效率在于分析数据，提供的反馈可以比医生提供的数据更有效。通过虚拟分身，一个人可以每周 7 天、每天 24 小时都得到医疗照顾。

3. 精神状况监测

利用基于人工智能的三维图像识别，可以观察人的身体行为，随着图像传感器和其他传感器的能力进一步增强，还可以监测人的内部生命体征，这里也包括了人的精神状况。在许多情况下，个人精神状况与神经化学物质失衡有关，对精神状况进行监测后，人工智能通过获得的数据，找到问题所在，再根据预定的指标提出优化精神状况的方案。

2.4.4 智能健康管理的未来发展

埃森哲咨询公司预测了 2026 年人工智能在医疗领域最有价值的 10 个人工智能项目，总价值大约是 1500 亿美元。排名第一的是机器人辅助手术；第二是虚拟护理助理，可以节省护士在非必要情况下探视病人的频次，也可以防止病人在不必要的时候去医院；第三是协助行政工作的应用程序，以节省医生和护士的宝贵时间，减少非病人护理任务。另外，该公司还提出，人工智能将在 2035 年使医疗保健行业的增长率从 2.2% 提高到 3.4%，这意味着额外增加 4610 亿美元的生产总值。人工智能的技术优势未来有待在健康医疗产业得到充分发挥，将人工智能技术赋能医疗行业的价值将是不可估量的。

普通居民的健康监测管理与重大疾病的诊疗同样重要，根据现有的医疗服务体系，普通居民的健康管理可以重点落脚在以基层为核心的分级诊疗服务的场景中。

未来某居民在社区卫生服务中心进行定期常规检查时，智能影像可以帮助基层医生判断该居民可能存在的健康风险，并利用智能辅助诊疗系统给出最佳的诊断和治疗方案建议，同时通过智能语音电子病历记录该居民情况。若该居民需要转诊，医生可利用智能导诊系统协助其完成一系列转诊预约工作。平常该居民在家中也可以进行健康监测，利用虚拟医生对该居民进行持续健康教育，家庭医生在碎片时间也可以通过智能远程教育平台链接该居民。利用虚拟分身关注该居民健康数据，对其进行健康风险预测，必要时及时通知家庭医生。在重大疾病治疗后的康复阶段，人工智能结合健康管理、可穿戴设备、风险预测、信息化和数据管理等，可以帮助患者随时掌握自身情况。

人工智能在医疗方面的巨大潜力还包括医疗健康行业与相关领域合作，如通过与制造业和设计行业合作，利用 3D 打印技术辅助器官移植等。

医学作为人文与科学相得益彰的领域，可以更好地定位医护工作者的核心价值，构建一个有人工智能参与的新的医学伦理环境，这也是整个健康医疗行业未来的发展趋势。

2.5 智能语音助手

我们日常使用的工具大部分都需要用眼睛去看、用手进行操作。执行单一动作时我们的双手双眼还能够应付，但在现代生活中，很多时候都需要同时执行好几个动作。比如，开车的时候，如果需要导航，我们在用手操作方向盘的同时还要操作手机。多个动作同时操作不但效率很低，更重要的是非常不安全，智能语音的出现帮我们缓解了这个问题。

2.5.1 智能语音助手的现状

智能语音系统经过 60 多年的发展，已经达到了能够让人与电子设备顺畅对话的水平，落实了商业化用途，已经被广泛应用于我们的生活中，目前，在智能家居、智能车载、儿童终端、服务等领域均有了迅猛发展。从技术水平来看，在语音识别率方面，百度、谷歌、科大讯飞等主流平台均在96%以上，识别能力趋于稳定；同时语音对话时可随时打断，加入了语境分析功能；在自然语言生成技术上也达到了国际领先水平。虽然智能语音发展越来越好，但远远没有达到人类的理想水平，未来智能语音的价值点依然是以服务用户为主，深入挖掘用户数据，以语音作为物联网的入口，形成全新的商业模式，在智能家居、智能车载、智能穿戴等行业中发挥巨大的价值。

作为最早落地的人工智能技术，无论是产业模式、创新能力、应用能力还是企业能力，智能语言系统在人工智能领域都是发展最好的，呈现出蓬勃发展的趋势。不过，语音识别和自然语言处理（Natural Language Processing，NLP）技术仍不成熟。

语音识别在卷积神经网络应用之后，准确率大幅提升，已经在用户端和企业端得到了广泛应用，但效果和体验还不够理想，尤其是稳定性问题显著。语音识别包含语音信号处理、静音切除、声学特征提取、模式匹配等多个环节，由于语音信号的多样性和复杂性，系统在一定限制条件下才能获得满意效果。在真实使用场景中，考虑到远场、方言、噪声、断句等问题，准确率会大打折扣。目前，业内普遍宣称的97%识别准确率，更多的是人工测评结果，只有在安静室内的识别中才能实现。

NLP技术虽然在搜索引擎中有应用，但在人机交互领域仍属于浅层处理，远远没有达到人们对它的期望。NLP技术大致包含三个层面：词法分析、句法分析、语义分析，三者之间既递进又相互包含，如图2-8所示。

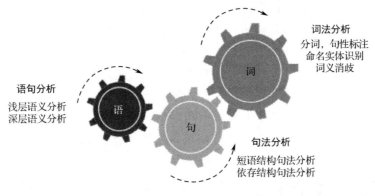

图2-8　NLP技术

其中词法分析中的词义消歧是NLP技术的最大瓶颈。机器在切词、标注词性并识别完后，需要对各个词语进行理解。由于真实语言环境中往往一词多义，人在理解时会基于已有知识储备和上下文环境，但机器很难做到。虽然系统会对句子做句法分析，可以在一定程度上帮助机器理解词义和语义，但实际情况并不理想。

目前，机器对句子的理解还只能做到语义角色标注层面，即标出句子成分和主被动关系等，属于比较成熟的浅层语义分析技术。未来要让机器更好地理解人类语言并实现自然交互，还需要依赖深度学习技术，通过大规模的数据训练，让机器不断学习。当然，在实际应用领域中，也可以通过产品设计来减少较为模糊的问答内容，以提升用户体验。

2.5.2 智能语音助手的技术原理

智能语音助手用户多分布在经济发达地区，开始尝试使用智能语音助手的最主要原因是想通过语言操控从而解放双手，智能语音助手对语言语义识别的准确性也成为了用户选择及使用时最重要的考量因素。从 2010 年开始，互联网巨头纷纷通过自主研发或并购参股的方式开始探索智能语音产业，其中，智能语音虚拟助手成为重点布局对象，此外，为占据一定的市场先机，苹果、谷歌、微软、百度、腾讯、搜狗等公司也陆续开始在智能车载、智能家居、智能医疗、可穿戴设备等诸多细分市场寻求突破。

运用智能语音技术的目的是实现人机的语音通信，使人与机器之间能够通过纯语言进行交互。智能语音技术包括语音识别（Automatic Speech Recognition，ASR）、语音合成（Text To Speech，TTS）和自然语言处理（NLP）三项主要技术。在我们与智能语音助手交流时，后台系统首先会通过声学理论处理其他噪声，减少干扰，同时以声波的形式将人类的自然语言摄取并进行分帧处理，然后针对每一帧进行声学特征提取，将提取的部分按照不同波形特征转换成计算机能够读懂的语言；接着计算机会对语音进行识别并转化成文本，然后通过语义理解技术对转化来的文字进行理解以确定用户所说的内容，再将数据发送到决策引擎，去执行用户的指令，或通过语音合成技术把需要反馈的信息用语音的形式反馈给用户。

在对自然语言处理之前，声纹识别可根据说话人的声纹特征识别出说话人，语言识别技术可赋予机器感知能力，将声音转化为文字供机器处理；在机器生成语言之后，语音合成技术可将语言转化为声音，形成完整的自然人机语音交互，这样的语音交互系统可看作一个虚拟对话机器人。智能语音交互系统的技术流程如图 2-9 所示。

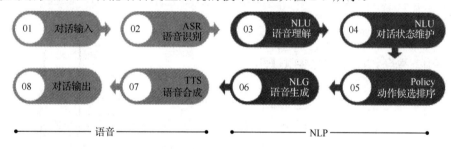

图 2-9 智能语音交互系统的技术流程

2.5.3 智能语音助手的应用案例

1. Siri

Siri 是苹果公司在其产品上应用的一项智能语音控制功能。Siri 可以令 iPhone 变身为一台智能化机器人，使用者可以通过声控、文字输入的方式，来搜寻餐厅、电影院等生活信息，直接订位、订票；同时也可以直接查看各项相关评论。另外，其 LBSC（Location Based Service，基于位置的服务）的能力也相当强悍，能够依据用户设置的默认地址或所在位置来判断、过滤搜寻的结果。

Siri 最大的特色是人机互动，它不仅有十分生动的对话接口，能针对用户的询问给予回答，而也不至于答非所问，有时候它还能让人有种心有灵犀的惊喜。例如使用者如果在说出或输入的内容中包括 "喝了点""家"这些字（甚至不需要符合语法，相当人性化），Siri 就会判断为喝醉酒、要回家，并自动询问是否要帮忙叫出租车。

2. 咪咕灵犀

原名灵犀语音助手，是一款中文人工智能助手，它由中国移动咪咕公司与科大讯飞联合推出。咪咕灵犀支持全程用语音操控手机，用户通过与手机交谈即可完成打电话、发短信、设提醒、查地图、找美食、翻译、速记等日常操作，作为一个 AI 助手它还为用户提供主动提醒服务。

咪咕灵犀针对中国人讲普通话的口音问题进行识别优化，普通话不标准的人也能正常使用，并且支持方言识别，可以准确地用语音进行交互。它还是一款可以辨别主人声纹的智能语音助手。咪咕灵犀还支持语音遥控智能家居。

结合应用场景，它提供丰富的本土化服务，无论是语音听歌听书、查股票、查话费、查流量，还是查星座、查影讯、查菜谱，在生活中遇到各种问题，都可以用咪咕灵犀解决。咪咕灵犀内置的翻译、查天气、订车票、订酒店等服务功能，能满足用户出行的一体化需求。

3. 华为语音助手

华为语音助手是华为开发的用于终端的语音控制程序。华为在智能手机上采用全新的 Emotion UI 并启用"智能语音助手"功能，针对自然语言的理解和反应进行全面的中国本地化改善。

2.5.4　智能语音助手的未来发展

其实，只要核心的语音助手功能能得到质量保证，对设备和产品本身没有任何限制。试想一下，在不久的未来，商店或公共场合的语音助手，不仅能够正确识别人脸，还能根据不同需求给出不同反应。语音助手作为一种行业趋势，必然会深入我们生活的方方面面，因此外在形式可能也会出现多样变化，比如依据适合外带还是适合家用进行设计。

万物互联的物联网时代，在触屏等传统近身交互手段不能很好满足用户需求的场景下，语音将成为主流的交互方式，智能语音助手也有成为下一代搜索核心的潜力。语音交互产业的发展更多需要外围生态的同步配合，因此会面临行业发展的较长冷启动期。但在互联网巨头的大力催化和智能语音助手巨大商业价值的背景之下，拐点之后的行业价值或将远超市场预期。

未来拥有智能语音助手，我们将摆脱 App 的束缚，自由定制个性化的功能，随着语音识别技术的逐步成熟，智能汽车、智能家居、智能机器人产业的日渐完善，可以预见，智能语音应用产业规模将进一步扩大，智能语音行业有望迎来爆发式增长。

2.6　智能翻译

随着人工智能翻译大规模商业化应用，不仅其自身市场规模达千亿元级别，而且以语言为纽带，辐射广泛，带动经济、文化等方面的交流，将有力地支撑"人类命运共同体"这个超级话题。

2.6.1　智能翻译的现状

相对于人工翻译而言，机器翻译有快速、效率高、不会疲劳等优点。在特定的规则设定下，翻译软件根据语料库自动进行语言转换，能够在较短时间内完成大量文本的翻译，大大超越人工翻译的速度，有时机器翻译的速度甚至可达人工翻译的 5～6 倍。此外，人工智能翻译不受时间、地点的约束，可随时随地不间断地翻译，永不疲倦，这就大大降低了人工投入的成本。相对于人工翻译来说，对于一些低难度的单句和词组翻译，机器翻译不会出现拼写错误等低级失误。

虽然相较于人工翻译人工智能翻译具有以上优点，但限于科技水平的发展，其不足之处也是显而易见的：机器翻译相较于人工翻译显得机械、生硬，整句翻译能力较差，失误现象不可避免，更不要说达到高级翻译要求的"信、达、雅"标准。因此现在的人工智能翻译还远远未达到人们所期望的状态。

2.6.2　智能翻译的技术原理

人工智能翻译模仿的是人脑的外语学习、翻译知识记忆等机理，致力于研究科学的、类似人脑的、适合于计算机的翻译知识表征方法和存储模式。智能翻译（MT，machine translation）技术可分为基于规则的机器翻译（RBMT，rule based machine translation）、基于统计学的机器翻译（SMT，statistical machine translation）、基于实例的机器翻译（EBMT，example based machine translation），等等。另外，智能翻译的另一个重要技术是计算机翻译记忆技术（TM，translation memory）。结合机器翻译（MT）和翻译记忆（TM）的多引擎机器翻译技术是目前主流的人工智能翻译应用技术。

2.6.3　智能翻译的应用案例

1. 谷歌机器翻译

2016 年 9 月，谷歌宣布已经在谷歌翻译的中译英的模型中应用了深度学习的一种最新算法，并大幅提高了中文到英文的翻译准确率。

机器翻译的结果已经与人类的英文表达相当接近，除了一些用词和句法处理有待斟酌，整个英文段落已经具备了较强的可读性，几乎没有什么歧义或理解障碍。

2016 年 11 月，谷歌宣布已经突破跨语言翻译的难题，可以在两种没有直接对应语料样本的语言之间，完成机器翻译。如果我们没法在网络上搜集到足够多的中文与阿拉伯文之间的对应语料，那么，谷歌的机器翻译技术可以利用英文与阿拉伯文之间的对应语料，以及中文与英文之间的对应语料，训练出一个支持多语言之间相互翻译的模型，完成中文与阿拉伯文的双向翻译。这种技术可以轻易地将翻译系统支持的语言对的数量，扩展到几乎所有主要地球语言的相互配对组合。

2. 有道翻译王

2018 年 9 月 6 日，在网易有道 AI 开放日上，有道发布了翻译智能硬件"有道翻译王 2.0Pro"。本次发布的这款产品是有道旗下智能翻译硬件的第二代，亮点在引入自主研究的离线翻译技术，支持中、英、日、韩 4 种语言离线语音互译，43 种在线翻译，同时加入了拍照翻译功能，支持 7 种语言离线拍照翻译、21 种在线拍译。

2017 年 4 月，网易有道上线了自主研发的神经网络翻译技术（YNMT），这项技术采用独到的神经网络结构，能够对翻译的全过程整体建模。与基于统计学的机器翻译（SMT）相比，神经网络翻译模型更像一个有机体，译文的句子结构完整，语序更接近人类语言使用习惯，翻译结果更加通顺。有道自主上线的 YNMT，在英语学习和新闻文章场景下的盲测表现出色，其英译中和中译英的 BLEU（Bilingual Evaluation Understudy，双语评估替换）值均领先同行 6～8 个百分点。

3. 腾讯智能 AI 同声传译

同声传译是指译员在不打断讲话者讲话的情况下，不间断地将内容口译给听众的一种翻译方式，这种方式适用于大型的研讨会和国际会议。人工智能的出现，进一步帮助人类实现了跨国跨语言的沟通，曾经科幻片中来自不同国家的人可以自由对话的场景已经出现在我们的生活中。

2018 年，在首届中国国际进口博览会上，腾讯智能翻译极大提升了多国企业商业沟通的效率，结合腾讯 AI 同声传译，为新闻发布厅和企业签约厅提供了全程即时、精准的中英双语同声传译服务。面对复杂的会场环境和不断变换的语言输入，腾讯 AI 同声传译在去口语化、智能断句等方面表现得尤为优异，翻译准确性、流畅度均非常高。腾讯智能翻译除高效高质完成 AI 同声传译服务，还对大会内容的会议纪要提供了及时输出及回顾。此外，在"中国国际进口博览会"微信小程序中，"腾讯翻译君"提供了英、日、韩、西、俄、法、德、泰、越、葡、印尼、马来、土耳其语等十三种语种的语音翻译，帮助参展商、采购商实现无障碍沟通。

2.6.4　智能翻译的未来发展

随着深度学习技术的应用以及算法模型的持续优化，不久的将来，人工智能翻译在自然语言方面将可以与人类实现无障碍交流，在机器翻译方面，将完全可以和人工翻译相媲美。

　　从市场应用前景的角度来说，随着世界经济一体化的深入，人们用不同语言进行交流会更加频繁，语言翻译市场前景广阔。以我国为例，目前我国语言产业从业人员约120万人，每年仅英语学习市场年产值就超过100亿元，翻译和本地化业务年产值约120亿元。语音和文字识别、键盘输入、电子排版、搜索引擎、语音服务等语言技术产品已经成为人们日常生活、工作中的重要辅助工具。以出境旅游为例，2017年中国出境旅游人数突破1.3亿人次，消费达1152.9亿美元，游客通常利用在线翻译以及翻译机辅助等方式解决语言沟通问题。业界普遍认为，AI翻译机是最有前途和潜力的AI产品之一。

　　同时，从目前机器翻译的表现来看，人工翻译和机器翻译可以进行更好的错位发展，即：机器翻译多用于网页翻译、辅助翻译等场合，人工翻译主要用于外事活动、商务谈判等高端场合。因此，未来的翻译将是人和机器之间的良性耦合与互动。

　　人工翻译的过程是人工译者集理解、分析、选择及再创造为一体的综合过程，是大脑思维活动的过程。因此，机器翻译的译文质量要达到人工翻译的水准，就必须解开大脑处理语言信息之谜。正如中国数学家和语言学家周海中教授所言，在人类尚未明了大脑是如何进行语言的模糊识别和逻辑判断的情况下，机器翻译要想达到"信、达、雅"的标准是不可能的。这一观点精辟地道出了制约译文质量提高的瓶颈所在。我们相信，在计算机专家、语言学家、心理学家、逻辑学家和数学家的共同努力下，尤其在"人类大脑工程"的推动下，机器翻译的译文质量问题将会得到解决，语言的交流障碍将会得以跨越。展望未来，机器翻译技术将迎来更加光明的发展前景和更加广阔的发展空间。

第3章

人工智能让工作更高效（上）

本章思维导图

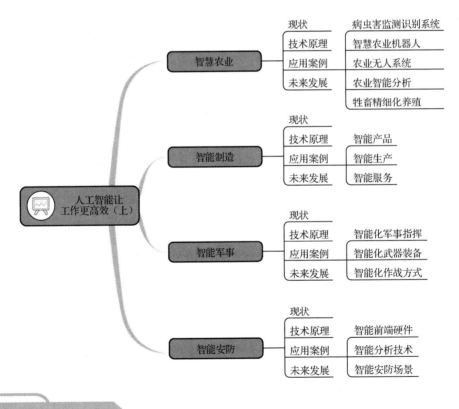

3.1 智慧农业

    中国农业经历了原始农业、传统农业、现代农业、智慧农业的逐渐过渡。智慧农业按照工业发展理念，充分应用现代信息技术成果，以信息和知识为生产要素，通过互联网、物联网、云计算、大数据、智能装备等现代信息技术与农业深度跨界融合，实现农业生产全过程的信息感知、定量决策、智能控制、精准投入和工厂化生产的全新农业生产方式与农业可视化远程诊断、远程控制、灾害预警等职能管理，是农业信息化发展从数字化到网络化再到智能化的高级阶段，是继传统农业（1.0）、机械化农业（2.0）、生物农业（3.0）之后，中国农业 4.0 的核心内容。

3.1.1 智慧农业的现状

智能化农业信息技术研究始于 20 世纪 80 年代初，包括施肥专家咨询系统、栽培管理专家系统等。其中，施肥专家咨询系统是根据实测的土壤理化参数或土壤肥力、地力参数以及地理分布，评估肥力水平，利用施肥量与各种农作物产量的关系，提高化肥投入与产出比，在非正常情况下指导补救措施的系统。栽培管理专家系统根据各个农作物的不同生育期、生理特点、不同的生态条件、作物品种、播种期、密度、灌水等进行科学的农事安排，指导农民进行科学生产和管理。

我国农业正向知识高度密集型的现代农业发展，相继出现了"有机农业""生态农业""持续农业""智慧农业"等替代型现代农业，智慧农业的出现为现代农业的发展指明了方向。我国"智慧农业"技术的应用较发达国家落后 20 年以上，甚至有些地方还是一片空白。近年来，信息技术飞速发展，其在农业上的应用也得到重视。目前，我国北京、上海等地已开展智慧农业的研究应用。例如，在京郊小汤山智慧农业基地，由北京师范大学遥感与地理信息系统研究中心、中国科学院地理科学与资源研究所热红外遥感实验室、北京市农林科学院联合实施的大型定量遥感联合试验，和北京农业信息技术研究中心，根据国家 973 项目与智慧农业示范项目的总体要求，在小麦病害的高光谱遥感检测和预测预报试验等，取得了大量试验数据。但目前我国关于智慧农业的研究应用还处于起步阶段。

3.1.2 智慧农业的技术原理

现代农业的发展已离不开以人工智能为代表的信息技术的支持，人工智能技术贯穿于农业生产全过程，以其独特的技术优势提升农业生产技术水平，实现智慧化的动态管理，减轻农业劳动强度，展示出巨大的应用潜力。将人工智能技术应用于农业生产中，已经取得了良好的应用成效。下面以基于机器视觉的农业病虫害自动监测识别系统为例，了解智慧农业领域病虫害图像识别系统的工作原理。

基于机器视觉的农业病虫害自动监测识别系统框架如图 3-1 所示。

自动监测平台可以进行图像信息获取，通过传输网络将病虫害图像数据上传到病虫害自动监测与预警系统或用户手机。此外，病虫害自动监测与预警系统通过气象站进行害虫生长环境信息获取；基于手机、PDA、计算机等进行寄主植物生长状态信息获取；基于机器视觉以及手机、计算机等进行寄主植物田间管理信息的获取。通过融合病虫害种类与数量信息、发生程度以及寄主植物生长环境信息、生长状态信息、田间管理信息等进行农业病虫害的预测预报。主要应用 Matlab 进行害虫图像处理，并将害虫识别算法编译生成动态链接库，然后在 Visual Studio.Net 平台下进行调用；在 Visual Studio.Net 平台中支持向量机进行害虫种类识别，最终完成系统软件的开发。

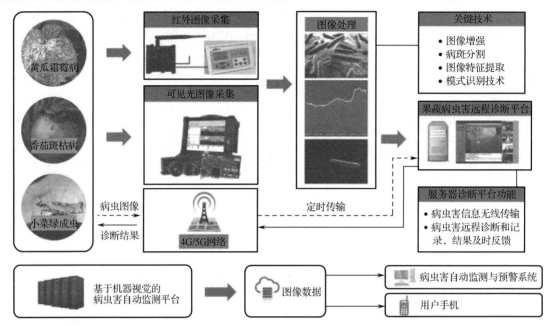

图 3-1　基于机器视觉的农业病虫害自动监测识别系统框架

3.1.3　智慧农业的应用案例

1. 病虫害监测识别系统

据统计，2016 年，我国农业生产总值达 5.93 万亿元，占 GDP 的 8%，但由农业病害等灾害造成的直接损失达 0.503 万亿元，占农业生产总值的 8.48%。在农业生产中，农药使用也在急剧增加，农药残留不仅会引发社会问题，还会加剧对环境的污染。因此，对农作物进行准确的病虫害识别并推荐合适的防治措施，创造出能为植物看病的"医生"，可以挽救农作物的生命，减少农药使用量，保证农作物的产量。

人工智能监测病虫害主要指利用机器学习、计算机视觉等技术，采用特定的计算机算法和模型，对农业病虫害发生的光谱或图像信号进行挖掘，获得有效的数据特征，实现对病虫害情况的实时识别和鉴定的过程。在具体做法上，首先要建立病虫害的数据库，其次需要机器学习和图像识别系统技术的配合，并且要确保农民使用智能手机的普及率，这样才可以使技术快速有效地传达。

当前人工智能在图像识别领域已非常成熟，将其应用到农业病虫害监测中难度不大。2018 年 12 月举行的人工智能挑战赛发起了世界上首个农作物病虫害检测竞赛，竞赛提供给参赛选手近 5 万张标注图片，检测其中覆盖 10 种植物的 27 种病虫害，吸引了来自世界各地的 29 个国家的近 1200 支团队参赛。如果能够利用参赛选手的算法，开发出一个能实际运用的产品，对于农业发展来说，是一个非常有价值的事情。

目前，深度学习技术已经应用于园艺领域。用户可以在计算机中输入患病植物叶子以及健康植物叶子的相关照片，通过深度学习算法计算机可以识别出现实中哪些植物是健康的。生物学家戴维·休斯（David Hughes）和作物流行病学家马塞尔·萨拉斯（Marcel Salathé）通过深度学习算法可以检测出 14 种农作物的 26 种疾病。他们将关于植物叶子的5 万多张照片导入计算机，并运行相应的深度学习算法。最终程序正确识别农作物疾病的准确率高达 99.35%。但是实现这一切的基础，是要在明亮的光线条件及合乎标准的背景下拍摄出植物的照片。若在互联网上随机选取植物叶子照片，其识别准确率将降至 30%～40%。

休斯和萨拉斯希望将这种人工智能算法应用于他们开发的手机应用 PlantVillage。目前该手机应用可以让世界各地的农民上传患病农作物照片，并由农业专家对此做出相应的诊断。休斯和萨拉斯将通过导入更多的患病农作物照片，使这种人工智能算法更为聪明可靠。萨拉斯表示，我们从多个来源获取了关于农作物的大量图片，其中也包含了照片是如何拍摄的、拍摄地点、年份等大量信息。这些照片能够有效提升算法的精确度。

算法的应用不仅是对植物病虫害的深度挖掘，对农作物影响的因素还有很多。休斯指出，大部分妨碍农作物生长的因素都是生理性的，譬如土壤养分中缺钙元素或镁元素，抑或是钠含量过多或环境温度过高，农民却往往认为是细菌或真菌导致的农作物疾病。对农作物的误诊会导致农民滥用农药和除草剂，对时间和金钱都是一种浪费。而在未来，人工智能可以帮助农民快速准确地查明问题所在。理想情况下，未来人类可以完全控制农作物的生长。联合国粮食和农业计划署认为这种技术对于农作物管理来说是"有用的工具"。联合国粮农组织植物病理学家法兹尔·杜桑瑟理（Fazil Dusunceli）指出，"这种电子诊断方法是好的，但'最终的决策应当与实地调查相结合'"。

2. 智慧农业机器人

简单来说，农业机器人是指融合了传感技术、自动控制、机器视觉等机器人和人工智能技术，使在非结构环境下作业的农业装备实现自动化、智能化。这其中的难点就是在自然环境下的信息获取，包括农作物信息，动植物生理生态感知传感器件，农业机器人与农艺适应性技术等。比如采摘苹果与摘草莓存在大小、颜色、损伤的巨大差异，并且在收获季节可能需要 24 小时工作，所以农业机器人能否达到要求是一个很大的挑战。

（1）智能锄草机器人

控制杂草是农民的首要任务，因为除草剂抗药性变得越来越难克服。现今，估计有 250种杂草已对除草剂有抗药性。美国杂草科学协会估计不受控制的杂草对玉米和大豆作物的影响使农民每年损失 430 亿美元。现在可以利用自动化设备和机器人来帮助农民找到更有效的方法，保护农作物免受杂草的侵害。

智能锄草机器人不但可以做到行间的锄草，也可以做到两株苗之间的锄草。这种速度条件下的视觉处理以及整个液压系统的执行是最大的一个难点。在欧洲相对来说已经用得比较多了，目前国内已经开始在黑龙江、北京示范应用，但是相对还比较少。

BlueRiver Technologies 是一家位于美国加州的农业机器人公司。BlueRiver 的农业智能机器人可以智能除草、灌溉、施肥和喷药。智能机器人利用电脑图像识别技术来获取农作物的生长状况，通过机器学习，分析和判断出哪些是杂草需要清除，哪里需要灌溉，哪里需要施肥，哪里需要打药，并且能够立即执行。智能机器人能够更精准地施肥和打药，可以大大减少农药和化肥的使用，能比传统种植方式减少 90%的使用量。

BlueRiver Technology 开发了一款机器人 See&Spray（见图 3-2），利用计算机视觉来监控和精确喷洒除草剂。精确喷洒可以防止杂草对除草剂产生抗药性，该公司宣称其精确技术可保证正常喷洒 80%农作物化学品，并可使除草剂支出减少 90%。

图 3-2　锄草机器人正在作业

（2）果蔬采摘机器人

当前，许多公司正在开发和设计自动化机器人及程序，以处理基本的农业任务，用自动化系统设备来解决农业劳动力短缺问题，例如，以比人更快的速度收获农作物。果蔬采摘机器人通过双目识别获得精准的信息，通过视觉算法判断成熟度和采摘点位。

美国 Harvest CROORobotics 开发了一款具备 16 个独立手臂的采摘机器人（见图 3-3），帮助草莓农场主采收和包装，可以在一天内收成 8 英亩[1]土地。

图 3-3　采摘机器人正在作业

农业机器人产业仍处在发展初期，其技术具有复杂性和多样性特点，关键技术仍有待突破，但发展迅速，将成为继工业机器人和服务机器人之后的另一大热点。未来依靠核心技术可以开发更多农业机器人产品，与现有产品整合，形成系统性的农业机器人化生产整体解决方案，从移栽、嫁接、喷湿、巡检、采收、分选到运输等环节都可以通过机器人完成，这代表着农业机器人的发展和应用方向。

---

1. 1 英亩约为 4046.8 平方米。

3. 农业无人系统

无人系统是现代农业人工智能应用的重要组成部分，农业无人机、农机自动驾驶在美国、日本等发达国家早已应用在农田植被数据监测、农田土壤分析及规划、农田喷洒研究等多个方面。

（1）农业无人机

农业无人机可以被用来喷洒农药，也可以结合人工智能和空中技术来监测农作物健康。无人机植保主要指搭载先进的传感器设备，根据地形、地貌配备专用药剂对农作物实施精准、高效的喷药作业，通过人、机、药三位一体达到节水节药的作用。自 2008 年第一架植保无人机在无锡面世以来，我国无人机行业如雨后春笋般发展，主要应用在土壤湿度监测、农田喷洒、植被覆盖度的监测等方向。

SkySquirrel Technologies 是一家提供葡萄园无人机技术的公司，帮助用户提高农作物产量并降低成本。用户预先规划好无人机的路线，并将计算机视觉记录用于图像分析。一旦无人机完成其路线规划，用户就可以利用 USB 装置将无人机数据传输到计算机，并将获得的数据上传到云端硬盘。

SkySquirrel 使用算法来整合和分析获得的图像和数据，以提供葡萄园，特别是葡萄藤叶健康状况的详细报告（见图 3-4）。由于葡萄叶常常是葡萄疾病的隐患（如霉菌和细菌），叶子的健康是整体健康状况的良好指标。该公司宣称其技术可以在 24 分钟内扫描 50 英亩的土地，并提供 95% 的准确度数据分析。

图 3-4　观察葡萄藤叶的健康状况

中国台湾无人机企业经纬航天（ALPAS）的智能型精准农业无人机系统，可以透过无人机载具推动高效植保，农药、肥料自动化喷洒等整合性系统服务，15 分钟内即可完成水稻田的农药、肥料喷洒。经纬智慧农业服务包含搭载人工智能和影像分析系统的无人机，使用高清摄像机进行农地植被勘探、品种辨识以及生长情形分析，建立 3D 影像模型，为客户提供专业植保建议。

（2）农机自动驾驶

农机自动驾驶指的是利用导航卫星实现农机沿直线作业功能，主要利用角度传感器获取农机偏移数据，利用摄像头获取周围农作物生长数据以及利用导航卫星实时定位跟踪获取车辆信息数据，将获取的数据经过无线网络传输到控制端，对数据进行分析后，利用车载计算机显示器实时显示作业情况以及作业进度。农机自动驾驶的根本是农机车辆导航系统，通过车辆导航系统实现农机的作业监测、路径规划等操作。目前主要应用于拖拉机、收割机、小麦机和青贮机等农用机械上。

当前阶段的农机自动驾驶技术指的是在作业过程中根据简单按钮操作，利用卫星导航系统，实现农机的自动化作业（见图3-5），解决了以往农机作业时完全依赖机手经验以及熟练程度的问题。我国中联重科北斗导航农机自动驾驶系统的作业直线精度达到2.5厘米，交接行精度达到±2.5厘米，中途停车起步无起步弯，倒车入线距离小于10米，行业内首创双直线模式，满足了对角线、之字形、回字形等多种作业模式需求，实际性能已达到国际同类产品先进水平。在黑龙江垦区，有许多农场都拥有世界顶尖的农机设备，配备了北斗导航卫星定位系统、遥感系统等，这些技术集卫星定位、自动导航、精量播种、变量施肥于一体，可以一次完成深松、浅翻、整地、播种、合墒、镇压六项作业，旱田耕作从种到收实现了全部机械化。

图3-5　农机的自动化作业

4. 农业智能分析：以深度学习为基础的精准预测分析

物联网、互联网等技术与农业生产、加工、流通等各环节紧密结合，产生了大量多源异构的农业数据，并且这些数据仍在呈指数增长。如何采用人工智能和数据挖掘等技术发现或提取其中的有效信息与潜在价值，实现农业生产经营过程的整体信息化管控，在一定程度上加速转变农业生产方式，提高生产水平与效率，对于发展与实现现代农业具有重要意义。

（1）农业数据

农业数据主要是指用卫星遥感、无人机航拍以及传感器等收集的气候气象、农作物、土地土壤以及病虫害等数据。通过对数据进行分析，可为农场、合作社以及大型农业企业提供可视化管理服务，实现对农作物的精准管理。

当前农业数据的采集主要通过卫星遥感技术、无人机航拍、传感器采集，即"空、天、地"三种方式。卫星遥感技术可以用来收集土地、农作物以及天气气候信息，通过这些遥感数据，可以根据不同农作物呈现的不同颜色、形状等遥感影像信息，划分农作物种植面积，监测农作物长势，估算农作物产量等。通过卫星获取天气数据，也可以监测病虫害与自然灾害。无人机航拍可以获取农作物长势、病虫害等实时数据；其获取方式主要分为两种，一种为利用无人机搭载摄像头进行航拍获取数据，另一种为利用无人机搭载遥感传感器，依据不同农作物的光谱特性，识别农作物生长情况，监测病虫害情况，更好地进行田间管理。传感器可以收集空气、土壤温湿度、二氧化碳浓度、光照强度、土壤水分、农作物生长情况等数据，多用于以温室大棚为代表的农业设施中，以提高农作物产量与农产品品质。

按类型分，当前农业数据的类型主要包括土地土壤数据、天气气候数据、农作物生长数据、病虫害数据四种类型。其中，土地土壤数据是指通过传感器收集土壤温湿度、水分、pH 等数据；天气气候数据是指通过卫星遥感技术，实时监测天气变化，提前预测自然灾害；农作物生长数据是指通过卫星、摄像头、传感器实时监测农作物生长情况，根据历史数据进行产量预测；病虫害数据是指根据农作物类型收集病虫害数据，提前预防，精准喷洒农药。

（2）适宜种植情况分析

随着农业自动化进程的推进，人工智能技术通过对物联网基础设施数据的收集，结合算法将其变为可视化的指导性数据，给出最佳的种植及市场方案。例如结合市场、环境等多维度因素，分析出本年最适合种植的产品。

以较为"娇贵"的草莓为例，这类水果天生就对温度、湿度、存放有着严格的要求，哪一环节出了问题，都会对口感造成极大"伤害"。一颗草莓在上市前，要经种植、采摘、运输等诸多环节的考验。在种植前，要先对果实成熟期进行考量，判断种植时间，以免发生大规模上市引发的过剩问题。随后在种植过程中，还要考虑土壤、水分、光线、虫害等一系列问题。最后果实成熟后，冷链运输的好坏直接影响用户购买的意愿。

以往上述行为只能凭借经验来运作，随着人工智能应用的渗透，越来越复杂的应用场景需要更具针对性的产品和技术，有效地提升软硬件协同的数据洞察能力。英特尔曾提出过一个人工智能全栈解决方案，该解决方案利用图像分析、深度学习等人工智能技术，能够对市场需求、种植情况、虫害、采摘时间、运输温度等决策进行判断，保障草莓以最完好的状态呈现给消费者。

（3）农作物和土壤监测分析

人工智能可以基于计算机视觉和深度学习算法对农作物和土壤健康进行分析。

农作物方面，德国的农业科技公司 PEAT 开发的 Plantix 深度学习应用程序，可辨识土壤中潜在的缺陷。通过深度学习算法将特定的叶子与某些土壤缺陷、植物病虫害和疾病相关联。用户只需拍摄相关照片，即可通过 App 对农作物生长情况进行识别，获取土壤修复技术、缺陷提醒及其他可能的解决方案（见图 3-6）。PEAT 宣称其软件可以快速检测，精度高达 95%，其全球客户已超过 50 万人。

土壤方面，美国的 TraceGenomics 公司为农民提供土壤分析服务。通过开发使机器学习系统，能为客户分析土壤的优势和弱点。重点是防止有缺陷的农作物，优化健康农作物生产的潜力。提供土壤样本给 TraceGenomics 后，用户会收到其土壤含量的详尽数据，包括细菌和真菌的病原体筛检以及全面的微生物评估。

图 3-6 拍摄农作物叶片与观察土壤情况

（4）天气预测及评估分析

通过对卫星拍摄的图片、航拍图片以及农田间其他设备拍摄的照片进行智能识别和分析，人工智能能够精确预报天气和气候灾害，识别土壤肥力和庄稼的健康状况，等等。

例如，美国的 DescartesLabs 公司收集了海量与农业相关的卫星图像数据，他们对天气的预测比对农业的预测还要精准。DescartesLabs 通过人工智能和深度学习分析这些图像信息，寻找其与农作物生长之间的关系，能对农作物的产量做出精准预测，该公司预测的玉米产量比以往的预测准确率高很多。

美国的 aWhere 公司运用机器学习算法与卫星预测天气情况，对农作物进行可持续性分析并评价农场当前病虫害。基于客户需求完成每日天气预测定制，业务范围从局部地区扩展到全球。此外，aWhere 还表示其可为用户提供超过 10 亿个农业数据点的数据。数据来源包括温度、降水量、风速及日照时长。此外，它还可提供任何农业用地的历史数据对比。

5. 牲畜精细化养殖

当前，牲畜疾病仍然难以做到有效防控。据调研显示，约 25% 的奶牛会出现跛足，而奶牛跛足这一问题，有可能让全球乳品业每年遭受超过 110 亿美元的损失。在养殖过程中，即便经验最丰富的饲养员也无法做到对每一头奶牛的情况了如指掌。人工智能技术的出现，解决了这一尴尬问题。

精细化养殖主要应用于猪、牛、鸡的饲养上，利用传统的耳标、可穿戴设备以及摄像头等收集畜禽产品的数据，通过对收集到的数据进行分析，运用深度学习算法判断畜禽产品健康状况、喂养情况、位置信息以及发情期等，对其进行精准管理。

例如，人工智能可以通过农场的摄像装置获得牛脸以及身体状况的照片，进而通过深度学习对牛的情绪和健康状况进行分析，然后帮助农场主判断出哪些牛生病了，生了什么病，哪些牛没有吃饱，甚至哪些牛到了发情期。来自加拿大的人工智能机器视觉公司正在做这样的事情。

除了使用摄像装置进行牛脸识别，还可以使用可穿戴的智能设备帮助农场主更好地管理农场。荷兰的 Connecterra 是一家动物智能穿戴技术公司，通过戴在奶牛脖子上的智能传感器，结合牧场上的固定探测器共同收集数据。这些数据上传到云服务器后，该公司用自己开发的算法，通过机器学习让这些海量的原始数据变成直观的图表和信息，发送到客户那里。这些信息包括奶牛的健康分析、发情期预测、喂养状况、位置服务等。Connecterra大大节省了奶农的工作时间，提高了工作效率，特别是对有机农场更有帮助，因为他们可以很容易地了解放养时间和位置。

我国在畜牧业方面也有了全新进展，阿里云与四川特驱集团、德康集团达成合作，利用自家视频图像分析、面部识别、语音识别、物流算法等人工智能技术，为每一头牲畜建立可供记录、查询以及分析的档案。例如，母猪在生产时很可能难产，顺产下来的猪崽也很有可能在环境及其他事故中死去。而阿里云的语音识别技术能够捕捉幼崽在被挤压时发出的叫声，让饲养员能够第一时间发现问题。引入这一人工智能技术后，每头母猪每年能够多产下 3 只幼崽，且死亡淘汰率降低 3%。

3.1.4　智慧农业的未来发展

以人工智能驱动的技术正不断出现并解决农业面临的问题及挑战，包括农作物产量、土壤健康和除草剂抗药性。同时，人工智能农业机器人将成为农业的重要应用。

但是，人工智能在农业领域所面临的挑战比其他任何行业都要大。现阶段看到的一些人工智能成功应用的例子大都发生在特定的地理环境中或者特定的种植养殖模式下。当外界环境变化后，如何调整算法和模型是农业人工智能公司所面临的挑战，这需要行业间以及农学家之间更多的协作。

在技术上最大的挑战之一就是农业资料收集极为不易。我们知道，人工智能就是大数据的"下一步"，需要大量的数据来正确地训练算法。虽然地理、天气等部分数据相对完善，但关于农作物本身的大部分数据只能在每年的生长季节获得一至二次，相较于其他领域，农业的数据积累显然要花上更多时间；而且其数据源在使用、所有权方面的透明度与共享程度更低。

农业是统计与量化应用最困难的领域之一。即使在同一个地块内，从地的这一头到另一头的条件都不同，直到收获那天，结果都是不确定的。农业生产发生在自然界的相互作用的生物和生态系统中，受各种变化的影响。因此，了解如何管理农业环境意味着要考虑数以千计的因素。

在美国中西部地区使用的种子和肥料与澳大利亚或南非使用同样的种子和肥料发生的情况几乎无关。影响这种不同的因素通常包括单位农作物所需的降雨量；土壤类型、土壤退化模式、日照时间、温度等。因此，在农业中应用人工智能的问题并不在于科学家缺乏设计算法和协议的能力；而在于环境差异性，这使得这些技术的测试、验证和成功推广更加困难。

但不管现实困难如何，无法忽视的一个现状是：农业已经进入一个新的环境、新的秩序、新的世界。虽然人们可以继续采用传统方法从事农业生产，但是未来的农业一定拥有更智能的使用大数据、人工智能和机器人的先进生产方式。

3.2 智能制造——人工智能最具潜力的应用场景

智能制造（Intelligent Manufacturing，IM）是基于新一代信息通信技术与先进制造技术深度融合，贯穿于设计、生产、管理、服务等制造活动各个环节，具有自感知、自学习、自决策、自执行、自适应等功能的新型生产方式。加快发展智能制造，是培育我国经济增长新动能的必经之路，是抢占未来经济和科技发展制高点的战略选择，对于推动我国制造业供给侧结构性改革，打造我国制造业竞争新优势，实现制造强国具有重要战略意义。

3.2.1 智能制造的现状

1. 中国智能制造行业发展历程

智能制造发展需要经历自动化、信息化、互联化、智能化四个阶段。智能制造发展的每一阶段都对应着其体系中某一核心环节的成熟。

2. 中国智能制造行业所处阶段

自从德国提出"工业 4.0"战略之后，各国开始大力发展制造业，我国颁布的《智能制造 2025》可以视为中国版本的"工业 4.0"。但是就目前而言，我国制造业所处阶段仍然较世界发达国家有一定的差距，仍处于"工业 2.0"（电气化）的后期阶段，"工业 3.0"（信息化）还有待进一步普及，"工业 4.0"（智能化）正在尝试尽可能做一些示范，制造业的自动化和信息化正在逐步布局。

（1）中国智能制造行业发展现状。国内智能制造的发展起步较晚，但是最近几年政府及企业已开始注重智能制造的发展。

一是国家不断完善发展智能制造的产业政策，从《智能制造装备产业"十二五"发展规划》《智能制造科技发展"十二五"规划》到《中国制造 2025》再到《智能制造"十三五"发展规划》发布，都是以发展先进制造业为核心目标，布局规划制造强国的推进路径。

二是智能制造产业体系已逐渐成形，2016 年，工业自动化控制系统和仪表仪器、数控机床、工业机器人等部分装备产业规模销售收入超过 1 万亿元，取得了一批智能制造技术的突破，包括机器人技术、感知技术、智能信息处理技术等，建立了一批国家级研发基地。但智能制造的一些关键性技术仍旧依赖于进口，自主创新能力还比较弱。

（2）中国智能制造行业市场规模。随着我国制造行业逐渐呈现出稳定发展趋势，智能制造行业成为了驱动我国制造行业的主要动力之一。因此，今后我国智能制造在制造业中所占的地位将会越来越重要，在制造业增加值中占据的比例将会更大。我国智能制造行业保持着较为快速的增长速度，2018 年，我国智能制造行业的产值规模约为 1.8 万亿元。

（3）中国智能制造行业市场竞争。我国智能制造各细分领域目前的竞争状况汇总如表 3-1 所示。

表 3-1 我国智能制造各领域现状

细分领域	主 要 企 业	竞 争 分 析
3D 打印	银邦股份、机器人、大族激光等公司	现阶段，国内与 3D 打印产业相关的上市公司中，其主营业务并不属于 3D 打印产业。大多是借助已有或引入的技术来源，进行项目产业化。竞争程度不完全，市场饱和程度较低
智能装备	国外企业有德国库卡、瑞士 ABB、日本发那科和安川等公司；国内公司有新松机器人、深圳汇川技术、软控股件和北京金自天正等公司	目前，国内的智能制造设备主要分布在工业基础发达的东北和长三角地区。以数控机床为核心的智能制造装备产业的研发和生产企业主要分布在北京、辽宁、江苏、山东、浙江、上海、云南和陕西等地区。国内高端装备制造业已形成以环渤海、长三角地区为核心，以东北和珠三角为两翼，以四川和陕西为代表的西部地区为支撑，中部地区快速发展的产业格局，竞争较为激烈
工业软件	华天软件、神州航天、用友网络、东软集团、东华软件、金蝶、和利时和宝信软件等	从工业软件几个细分领域的领先企业分布来看，我国有近一半的行业领先者仍未上市或者挂牌新三板，企业规模也普遍偏小，研发能力仍有待提升，行业股权融资渠道发展缓慢，行业竞争力仍然较弱
工业物联网	飞思卡尔半导体、深圳远望谷中山达华智能、航天信息股份等公司，美国 Thing Magic、韩国 ATID 和日本欧姆龙株式会社等公司	从国内来看，整体企业数量较多，但以中小规模企业为主；民营企业占主体地位；飞思卡尔半导体（中国）有限公司是传感器制造行业实力较强的企业之一；而高端产品市场基本上被国外企业所占据
通信技术	百度、华为、阿里巴巴、腾讯、联想、Hadoop、MapReduce、中国电信、中国联通、中国移动、华胜天成、八百客、地平线机器人和中星微电子等企业	目前，我国通信技术发展迅速，国内以 BAT 和华为、联想等公司为主的企业开始依托自身技术进入这个领域，国内市场竞争激烈，特别是在大数据和云计算行业整体发展较快

资料来源：前瞻产业研究院整理。

3.2.2 智能制造的技术原理

智能制造涉及智能产品、智能生产以及智能服务等多个方面及其优化集成。中国工程院院刊《Engineering》在线刊发 "Toward New-generation Intelligent Manufacturing" 文章，深度阐述了智能制造发展的三个基本范式、新一代智能制造的技术机理（人-信息-物理系统，HCPS）及系统组成。新一代智能制造系统最本质的特征是其信息系统增加了认知和学习的功能，不仅具有强大的感知、计算分析与控制能力，更具有学习提升、产生知识的能力，如图 3-7 所示。

在这一阶段，新一代人工智能技术将使 "人-信息-物理系统" 的关系发生质的变化，形成新一代 "人-信息-物理系统"。主要变化在于：第一，人将部分认知与学习型的脑力劳动转移给信息系统，因而信息系统具有了 "认知和学习" 的能力，人和信息系统的关系发生了根本性的变化，即从 "授之以鱼" 发展到 "授之以渔"；第二，通过混合增强智能，人机深度融合将从本质上提高制造系统处理复杂性、不确定性问题的能力，极大优化制造系统的性能。

新一代智能制造进一步突出了人的中心地位，是统筹协调 "人""信息" 和 "物理" 的综合集成大系统；将使制造业的质量和效率跃升到新的水平，为人民的美好生活奠定更好的物质基础；将使人类从更多体力劳动和大量脑力劳动中解放出来，使得人类可以从事更有意义的创造性工作，人类社会开始真正进入"智能时代"。

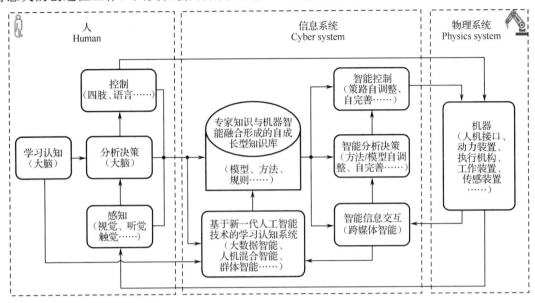

图 3-7 新一代智能制造系统的基本机理

总之，制造业从传统制造向新一代智能制造发展的过程是从原来的"人-物理"二元系统向新一代"人-信息-物理"三元系统进化的过程（见图 3-8）。新一代"人-信息-物理系统"揭示了新一代智能制造的技术机理，能够有效指导新一代智能制造的理论研究和工程实践。

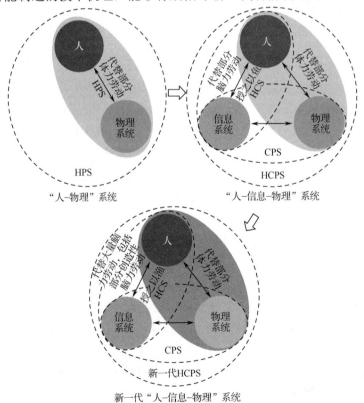

图 3-8 从"人-物理"系统到新一代"人-信息-物理"系统

3.2.3　智能制造的应用案例

"物理世界"（以制造业设备所代表）和"数字世界"（由人工智能、传感器等技术代表）的碰撞催生了制造业的巨大转变。两个世界的融合将为下一轮经济发展注入新的动能。以人工智能为代表的新技术正在对生产流程、生产模式和供应链体系等生产运营过程产生巨大影响，制造业正在变得高效化、定制化、模块化和自动化。人工智能技术正在不断地被应用到图像识别、语音识别、智能机器人、智能驾驶/自动驾驶、故障诊断与预测性维护、质量监控等各个领域，覆盖研发创新、生产管理、质量控制、故障诊断等多个方面。目前"人工智能+制造"的典型方向主要有智能产品、智能生产、智能服务三类。

1. 智能产品

（1）智能产品研发

人工智能可以对复杂过程进行智能化指引。以产品研发设计为例，工业设计软件在集成了人工智能模块后，不仅可以理解设计师的需求，还可以与区域经济、社会舆情、社交媒体等多元化数据进行对接，由此形成的数据模型可以向设计者智能化推荐相关的产品设计研发方案，甚至自主设计出多个初步的产品方案供设计者选择。同时，新产品制造无论在设计还是在生产过程中都是一个迭代的过程，充满了微调。人工智能能够显著缩短这一过程，提升制造行业的效率。

具体来说，根据既定目标和约束利用算法探索各种可能的设计解决方案，需要经过三个步骤。首先，设计师或工程师将设计目标以及各种参数（如材料、制造方法、成本限制等）输入到生成设计软件中。然后，软件探索解决方案的所有可能的排列并快速生成设计备选方案。最后，它利用机器学习来测试和学习每次迭代后哪些方案有效，哪些无效。一些航天公司正在利用生成式设计以全新的设计开发飞行器部件，例如提供跟传统设计功能相同但是却轻便许多的仿生学结构。

美国工业设计软件巨头欧特克推出的产品创新软件平台 Fusion360 和 Netfabb 3D 打印软件集成了人工智能和机器学习模块，能够理解设计师的需求并掌握造型、结构、材料和加工制造等数字化设计生产要素的性能参数，在系统的智能化指引下，设计师只需要设置期望的尺寸、质量及材料等约束条件即可由系统自主设计出成百上千种可选方案。Citrine Informatics 公司则在其庞大的材料数据库中运行人工智能技术，帮助企业节省了50%的研发和制造时间。

（2）智能硬件产品

将人工智能技术成果集成化、产品化，通过云端连接或将训练好的人工智能系统封装到硬件中等方式，赋予产品智能化响应外界变化和用户需求的能力，制造出智能手机、工业机器人、服务机器人、自动驾驶汽车、无人机等新一代智能产品。这些产品本身就是人工智能的载体，硬件和各类软件结合，具备感知、判断的能力并实时与用户、环境互动。

以智能手机为例，除了人工智能芯片使手机运行反应速率更快之外，手机上的智能语音助手、生物识别、图像处理等人工智能应用也给用户带来多维度的智能体验。例如国产手机厂商先后在 2018 年推出主打人工智能功能的旗舰机，说明智能产品的市场潜力不容小觑。

2. 智能生产

随着人工智能技术在生活领域的快速传播，越来越多来自不同领域的学者及科研人员开始尝试将制造领域的专有知识注入到人工智能模型中，并将其与制造业中的典型软件、系统及平台相集成，形成了一系列融合创新技术、产品与模式。

通过人工智能等技术实现生产设备、价值链、供应链的数字化连接和高度协同，使生产系统具备敏捷感知、实时分析、自主决策、精准执行、学习提升等能力，全面提升生产效率。

（1）优化生产过程

生产制造环节，人工智能可针对消费者个性化需求数据，在保持与大规模生产同等、甚至更低成本的同时，提高生产的柔性。生产制造系统柔性越高，越能快速响应市场需求等关键因素的变化，尤其适合服饰、工艺品等与消费者体征或品味等需求相关性强的行业。

具体来说，生产过程中，人工智能通过调节和改进生产过程中的参数，对制造中使用的很多机器进行参数设置。例如，在注塑中，可能需要控制塑料的温度、冷却时间、速度，等等，通过收集这些数据，人工智能可以改进自动设置并调整机器参数。此外，人脸识别与自动跟随、室内定位也成为人工智能技术取得的成果，当工人需要人力推车装运物料并进行运送分发时，通过人工智能技术升级，可以实现车体的自动跟随以及辅助运送。融入人工智能的人机协作也在更多工作场景和更多复杂工序中成为主流。

在生产资源分配方面，人工智能可以针对消费者个性化需求数据，在保持与大规模生产成本相当、甚至更低的同时，实现柔性生产，快速响应市场需求变化。例如，阿迪达斯 2018 年 4 月在美国开设全球第二家智能化工厂 SpeedFactory，按照顾客需求选择配料和设计，并在机器人和人工辅助的共同协作下完成定制。工厂内的机器人、3D 打印机和针织机全由计算机设计程序直接控制，这将减少生产不同产品时所需要的转换时间。

（2）运用智能装备

人工智能嵌入生产制造环节，可以使机器变得更加聪明，不再仅仅执行单调的机械任务，而是可以在更多复杂情况下自主运行，从而全面提升生产效率。随着国内制造业自动化程度提高，机器人在制造过程和管理流程中应用日益广泛，而人工智能更进一步赋予机器人自我学习能力。

机器人技术对于单调的工作如包装、分类等，已经变得非常有价值。在智能自动化分拣方面，无序分拣机器人可应用于混杂分拣、上下料及拆垛，大幅提高生产效率。其核心技术包括深度学习、3D 视觉以及智能路径规划等。例如，矩视智能科技的 NeuroBot 解决方案可柔性地在无序或半无序状态下完成物料分拣，提高生产效率并节约成本。其核心技术分为三类：人工智能——通过采用深度学习技术，把人工的检测经验转化为算法，从而实现自动识别和检测；2D/3D 视觉——利用机器视觉完成物品的估计，并辅以深度学习算法实现复杂场景的抓取点计算；嵌入式人工智能——采用嵌入式 GPU（如 Nvidia 的 TX2）为深度学习提供硬件支撑，保持充足算力。

在人机协作方面，Cobots（协作机器人）就是通过辅助人类运动而编程的。它们通过手动移动和复制移动"学习"，这些机器人可以和人类一起工作，被认为是"人类的合作者"。

（3）质量检测智能化

在大规模生产中，检查每一种产品是否符合规范是一项非常枯燥的工作，受到人类易错性的限制。而计算机视觉能够即时识别和分类不同的缺陷，使质量检测自动化，使工厂更具适应性，效率更高。在此基础上，未来的许多工厂将采用机器视觉来扫描人类肉眼可能忽略的缺陷。

通过人工智能结合物联网和大数据技术，能够将产品质量的自动检测扩展到生产的全流程，不仅提高质检效率，甚至能指导工艺、流程等改善，提高整体良品率。人工智能能够比较产品和照片，并决定是否通过检查。将机器视觉应用在制造业中的精确质量分析领域，通过比人眼敏感多倍的相机结合人工智能技术提升图像理解的能力。尤其适合材料、零配件、精密仪器等产量大、部件复杂、工艺要求高的行业。

具体来说，人工智能技术通过物联网对生产过程、设备工况、工艺参数等信息进行实时采集；对产品质量、缺陷进行检测和统计。在离线状态下，利用机器学习技术挖掘产品缺陷与物联网历史数据之间的关系，形成控制规则；在在线状态下，通过增强学习技术和实时反馈，控制生产过程减少产品缺陷。同时集成专家经验，不断改进学习结果。因为这些系统可以持续学习，其性能会随着时间推移而持续改善。汽车零部件厂商已经开始利用具备机器学习算法的视觉系统识别有质量问题的部件，包括检测没有出现在用于训练算法的数据集内的缺陷。

人工智能视觉技术企业波塞冬可以实现精度为0.1mm的汽车电镀件外观的不良检测。日本 NEC 公司推出的机器视觉检测系统可以逐一检测生产线上的产品，从视觉上判别金属、人工树脂、塑胶等多种材质产品的各类缺陷，从而快速侦测出不合格品并指导生产线进行分拣，在降低人工成本的同时提升出厂产品的合格率。

3. 智能服务

智能服务是指实时监测产品状态和响应用户需求，提供以租代售、按时计费、远程诊断、故障预测、远程维修、一体化解决方案等增值服务，实现制造企业从提供产品向提供"产品+服务"的转变。

（1）预测性维护

预测性维护是指制造企业借助人工智能减少设备故障率提高资产利用率。利用机器学习处理设备的历史数据和实时数据，对设备或产品的运行状态建立模型，搭建预警模式，找到与其运行状态强相关的先行指标，通过这些指标的变化能够提前预测设备故障的风险，提前更换即将损坏的部件以避免机器故障，从而预防故障的发生。对于设备或产品故障成本高的行业意义重大，比如装备、精密仪器等。据麦肯锡的研究，采用了人工智能预测性维护的工业设备的年度维护成本降低了10%，停机时间减少了20%，而检查成本则降低了25%。

美国创业公司 Uptake 凭借大数据、人工智能等技术提供端到端服务，以工业设备故障预测分析、性能优化为主营业务。国内创业企业智擎信息的故障预测解决方案可以提前

2～4 天预判故障，从而降低运维成本和备品备件库存成本，提升设备可利用率和整体运转性能。

由于港珠澳大桥处在台风多发区，每年 6 级以上大风超过 200 天，对桥梁的维护巡检尤为重要。大桥以国家实施"新一代人工智能"重大科技项目为契机，从无损检测、自动检测、机械化养护、低成本低能耗智能感知到融合感知，集传输、存储、计算、处理于一体，形成数据驱动、人机协同的智能化基础设施，用科技提高维护效率和水平。通过新一代人工智能技术的应用，为降低重大事故、严重拥堵发生概率等提供服务，促进三地快速通行，同时通过"共建、共治、共享"港珠澳大桥运营管理智联平台，实现粤、港、澳三地数据和服务共享。

（2）供应链运营

需求预测是供应链管理领域应用人工智能的关键主题。通过更好地预测需求变化，公司可以有效地调整生产计划，改进工厂利用率。人工智能通过分析和学习产品发布、媒体信息以及天气情况等相关数据来支持客户需求预测。一些公司还利用机器学习算法识别需求模式，其手段是将仓库、企业资源计划（ERP）系统与客户的数据合并。

美国多联式运输公司 C.H.Robinson 针对卡车货运的运营需求开发了用于预测价格的机器学习模型，模型中既整合了不同路线货运定价的历史数据，又将天气、交通以及社会经济挑战等实时参数加入其中，为每一次货运交易估算出公平的交易价格，在确保运输任务规划合理的前提下实现了企业利润的最大化。

3.2.4 智能制造的未来展望

人工智能可以通过自适应制造、自动质量控制、预防性维护等解决方案有效地应对当今制造业面临的挑战。这些人工智能技术在制造业中已经开始部分应用，但从世界范围看，该领域仍然较为前沿，在技术架构、实施路径、行业标准及产业生态等方面均存在一定的发展瓶颈。

1. 制造环节数据难以开发利用

人工智能与制造业的深度融合发展需要以大数据作为支撑，与消费环节相比，制造环节数据的可获得性、可通用性更弱。制造业机器设备生成的数据通常较为复杂，有接近一半的数据是没有相关性的。与此同时，制造环节的数据获取需要安装大量高精度传感器，这不仅需要投入巨额的资金，而且在后期维护上也会产生检修及人工成本。

2. 无法采用可复制的系统和整体解决方案

人工智能必须根据制造业的具体场景进行定制，简单照搬模板式的制造业人工智能解决方案是不可行的，而且也不存在一个能够被大多数制造业接受的统一的人工智能系统。此外，不同制造业之间的技术、流程差异巨大，对人工智能有不同需求，同一个人工智能系统难以满足所有制造业的要求。

3. 人工智能与制造业深度融合所需的复合型人才严重缺乏

人工智能整合战略本身和技术一样复杂，这个过程涉及数据采集、组织结构设计、人工智能项目的优先次序，等等。而且，优秀的人工智能战略专家比人工智能技术专家更为罕见。企业转型是牵一发动全局的过程，尤其是涉及劳动力结构调整，本身比较复杂，其中还包括文化挑战，需要一定的时间过渡。一般来说，人工智能高端人才主要集中在互联网行业，制造业相关人员对人工智能概念的理解、对技术的掌握还不是很准确，因此难以支撑制造业企业智能化转型升级。从人才供给来看，现阶段既了解制造业技术又掌握人工智能技术，还能够进行应用开发的复合型人才严重缺乏。对此，制造业企业需要为员工提供更完善的再培训，帮助他们为未来的工作做好准备。传统企业除了需要做好转型方面的人才、技术储备，也需要让员工理解，人工智能的目的不是为了取代劳动力，而是为了增强员工能力，为企业赋能，帮助其成功。

未来，伴随中国制造业转型升级意识的增强，人工智能、新兴技术与制造业应用进展的进一步推进，以及相关企业、行业、政府三大层面的政策引领作用的提升，一个自动高效、互联互通、具备前瞻预测能力的智能制造时代终将到来。

3.3 智能军事

将人工智能技术应用于武器装备，可适应未来"快速、精确、高效"的作战需求，使武器装备对目标进行智能探测、跟踪，对数据和图像进行智能识别以及对打击对象进行智能打击，可以大大提高装备的突防和作战效果。未来，随着智能化军用机器人的应用，人类战争模式必将势不可当地进入智能化战争的新时代。

3.3.1 智能军事的现状

21世纪的第二个十年，是人工智能崛起并迅速扩张的十年。随着人工智能创新应用的全面展开，包括军事领域在内的人类社会各个领域正经历着前所未有的智能化浪潮冲击。人工智能技术是后信息时代新技术发展的一个显著趋势，是信息技术高度发展的必然结果，也是极有可能改写未来战争的颠覆性技术。军事智能化技术，是机械化、信息化之后军事领域发展的新趋势和新方向。

从机械化、信息化到智能化，战争形态已经发展到新阶段，军事智能可能成为决定未来战争胜负的关键要素。目前，一些军事强国已将发展智能军事上升到国家战略，从政策导向、战略规划、资金预算等方面予以大力支持，意在避免"未打先输"，抢占未来军事竞争制高点。

美、俄、英、法、德等国纷纷提出军事智能化战略。可见，智能化战争已悄然来临。我国的军事智能化建设必须以习近平总书记强军思想为指导，抢抓机遇、乘势而上。《新一代人工智能发展规划》《促进新一代人工智能产业发展三年行动计划（2018—2020年）》的颁布实施，为我们大力推进人工智能发展提供了法规依据和制度保证。应贯彻军民融合发展战略，创新驱动发展战略，把握时代趋势，大胆吸收应用人工智能相关技术成果，助推军队建设，为实现党在新时代的强军目标、建设世界一流军队提供科技支撑。

3.3.2　智能军事的技术原理

军事智能化是对军事信息化的继承与发展，已成为推动信息化战争形态逐步演变的强大技术力量。评价一种军事技术的战争属性是否强大，关键看其向军事领域全面渗透、转化为战争决胜能力的强弱。智能化具有控制思想与控制行动的双重能力，可以渗透到军队指挥决策、战法运用、部队控制等活动中——或直接用"智慧炸弹"打击对手思想意识，瓦解战斗意志；或将人工智能物化到武器、指挥系统，尝试用机器学习、迁移学习等智能算法解决对抗条件下态势目标的自主认知，帮助指挥员快速定位、识别目标并判断其威胁程度等，以智能方式控制机械化、信息化装备，以"智慧释放"替代"信息主导"，激发最大作战效能。

（1）智能化军事指挥。指控系统是作战体系的中枢神经，是战争制胜规则的核心部分，指挥控制方式智能化，能克服人性弱点困扰，提升指挥决策的正确性。

（2）智能化军事装备。主要是运用各种无人化兵器，打造立体无人作战体系。将人与机器深度融合为共生的有机整体，让机器的精准和人类的创造性完美结合，并利用机器的速度和力量让人类做出最佳判断，从而提升认知速度和精度。如美军发明的"意识头盔"，能感应人的脑电波，具有识别敌我的"读心术"功能。

（3）智能化作战方式。从搜索发现目标到威胁评估、锁定摧毁，再到效果评估，均不需要人的参与，在作战中实现无人化。此外，还可以以思想、心理为打击控制目标，通过智能化手段，遵循思想认知规律，进行思想控制和精神"软打击"，其中也包括"文化冷战"和"政治转基因"等意识形态渗透破坏行为。

3.3.3　智能军事的应用案例

1. 智能化军事指挥

指挥控制系统是作战体系的中枢神经，是战争制胜规则的核心部分，指挥控制方式智能化，能克服人性弱点的困扰，提升指挥决策的正确性。未来战争对指挥控制的迅捷性、精准性、可靠性提出更高要求，迫切需要运用人工智能技术增强战场感知、情报分析处理、辅助决策能力。战场态势感知是指挥决策的基础，应综合运用数据挖掘、深度学习等技术，提高图像理解、语音识别、目标匹配能力。运用智能组网技术，为战场感知大数据传输提供高速、可靠、抗干扰的信息网络支撑。通过战场要图智能标绘、态势要素智能计算、作战进程智能推演等典型应用，为指挥决策提供实时、立体、多维、精确的战场态势感知。

2. 作战数据分类与预测

作战数据分析处理是实施科学指挥决策的前提。应加快研究和运用跨媒体数据融合技术，从海量、多元、异构情报数据中快速发掘支撑作战决策的关键信息，识别意图、发现征候、研判趋势、找到规律。

深度学习是基于统计学习的，即人类搜集大量带标签的历史数据组，将数据组输入深度神经网络，网络利用相应算法得到该数据组的联合分布规律，这样，深度神经网络在被输入没有标签的新数据时，就可以预判输出的结果。以这种统计学习方法为核心的人工智能对数据分类和预测得到的结果往往比解析法得到的计算结果精确得多。因为利用解析法计算时往往难以将所有不确定性因素穷尽，而统计学习方法则可以将所有不确定因素（如导弹飞行过程中的扰动）直接归类到某种分布规律，进而得到更精确的结果。作战活动中往往会产生大量数据，例如敌军作战单元活动的轨迹、武器的毁伤范围、通信系统覆盖范围等。由于自然环境的影响，这些数据和理论计算数据差距往往较大，此时利用解析法计算出来的理论值就比较粗糙，往往不利于指导作战，但利用人工智能系统的数据分类和预测功能，则可以非常接近真实值，从而让数据催生出战斗力，使武器精确度更高，大大增强己方武器的命中概率，成倍增加部队和武器的作战效能。

以弹道导弹为例，在融入人工智能系统的作战数据分类和预测后，可以最大限度地从训练、演习发射数据中学习到导弹发射诸元和命中精度的联合分布规律，进而在实战中使普通弹道导弹达到先进弹道导弹水平。而在反导弹拦截作战中，则可以根据敌军日常弹道导弹发射、试验的侦测数据，让系统学习到雷达回波特征和弹头类型的联合分布规律，大大增加系统对导弹轨迹与落点预测的准确率，进而增加对弹道导弹拦截的成功率。虽然几乎所有的统计学习方法都有数据分类和预测功能，但当数据量较多时，深度学习方法的性能表现最好，就数据分类而言，可以达到95%以上的准确率，这一水平比传统算法的75%左右的准确率提高了不少。

3. 指挥决策

科学而高效的作战决策是争夺战场主动、赢得制胜先机的关键，要基于实时战场态势数据，通过平行仿真推演作战方案，预测战争演进趋势，自动匹配最佳行动策略，帮助指挥员压缩"观察、感知、决策、行动"周期的时间成本。

（1）观察。收集来自各种传感器的数据，包括社交媒体和其他形式的结构化和非结构化数据，然后验证数据并将其融合到统一视图中。这需要一个强大的、可互操作的 IT 基础架构，能够快速处理大量数据和多个安全级别。

（2）感知。应用大数据分析和算法进行数据处理，然后根据人类可理解的压缩统一视图进行数据呈现，以便及时抽象和推理，但足以提供所需的详细程度。这应该包括情况、资源（时间表，能力，活动的关系和依赖性）和背景（行动点和效果）的图形显示。

（3）决策。提供及时、简洁的建议，包括对支持决策的潜在后果的建议。为此，必须能够评估和验证 AI 的可靠性，以确保可预测和可解释的结果，使人们能够正确地信任系统。

（4）行动。随着 AI 变得越来越先进，人们可能只被要求批准预编程的动作，或者系统将采取完全自主的决定。对此类 AI 的要求必须严格，不仅应该防止不必要的错误决定，还要为人类通常在法律上和道德上对系统采取的行动负责。

千百年来，作战指挥决策主要依靠指挥官个人的经验、判断和直觉。信息网络技术的发展极大地丰富了战场信息，淡化了战争"迷雾"，但它并未改变传统的指挥决策模式。而大数据及其相关智能算法的出现，为从根本上改变这一模式提供了可能。其关键在于，运用智能化数据处理技术可以想人之所未想，在大数据中发现复杂事物间相关关系，从本质上突破人类分析联系事物的局限性，决策者据此可快速、准确地判断和预测战场形势发展变化，进而大幅提高决策质量。目前，使用人工智能确保国家安全，如反恐以及掌握敌军行动规律等，已成为世界军事发展的新趋势。借助基于深度学习的智能辅助决策系统，以"人-机"协作为基本方式的新决策模式正在悄然形成。

4. 智能化武器装备

武器装备是战斗力生成的物质基础和核心要素，是军事智能技术率先应用、直接应用的对象和载体，也是发展最快、成果最多、成效最为显著的领域。基于人工智能的武器装备借助人工智能技术从而具备感知、决策和反馈能力——感知自身状态及战场环境变化，实时替人类完成中间过程的分析和决策，最终形成反馈，实施必要机动，完成作战使命。通过加装智能化软硬件，可以让传统武器装备"长眼睛""有耳朵""会判断""能自主"，大幅增强传统武器装备的生存力、突防力和毁伤力。智能无人作战系统是未来战场的主要力量，无人与有人、无人与无人间的协同作战将成为重要形式；给精确制导弹药加上"智能大脑"，通过与智能战场态势感知系统、指挥控制系统互联互通，自主机动规避、自动识别定位、自动锁定目标，使弹药变得更"聪明"，极大提升打击精度、速度和毁伤能力。

人工智能技术在武器装备中的应用主要体现在模式识别（智能感知）、专家系统（智能决策）、深度学习（智能决策）和运动控制（智能反馈）等几个方面。

5. 模式识别在武器装备中的应用

模式识别是计算机模拟人类感觉器官，对外界产生各种感知能力的技术途径之一，包括语音识别、机器视觉、文字识别等。模式识别技术有助于武器装备获得自动目标识别（ATR）能力。模式识别中的机器视觉，可通过光学非接触式感应设备，自动接收并解释真实场景的图像以获得系统控制的信息。例如DARPA的"心眼"项目和"图像感知、解析、利用"项目开发的机器视觉系统，具有"动态信息感知能力"，对动态物体的解构，利用卷积神经网络图像识别技术，将图片中的信息转化成计算机的"知识"。在实际作战中，模式识别系统通过观察目标的视频动态信息，借助神经网络、专门的机器视觉硬件，可在复杂的战场环境下，自动识别出潜在威胁，为打击目标提供参考信息。

6. 专家系统在武器装备中的应用

专家系统（Expert System）是一类具有专门知识的计算机智能程序系统，运用特定领域中专家提供的专门知识和经验，采用人工智能中的推理技术来求解和模拟通常由专家才能解决的各种复杂问题，是目前人工智能领域最活跃、最有成效的一个分支。专家系统一般由知识库和数据库、推理机制、解释机制、知识获取和用户界面等组成（见图3-9）。

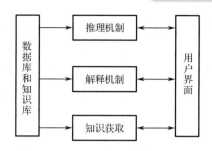

图 3-9　专家系统的基本结构

专家系统应用于武器装备可使其具备实时战场态势评估能力。将已证明的专家关于武器在战时的典型态势和毁伤效果评估的事实和过程用数学方法加以描述，组成数据库和知识库。作战中武器装备接收的天基、空基、海基或地面控制站的信息，武器自身传感器获得的地理信息和敌方武器发出的声波、无线电波、可见光、红外、激光等信息，与数据库和知识库中的信息进行比对，借助人工智能的自动推理技术，经计算机快速处理，确定战场环境中出现的威胁，并与用户界面的专家和指战员进行交互。

DARPA 于 2007 年提出"深绿"系统，可预测战场的瞬息变化，帮助指挥员提前思考，判断是否需要调整计划，并将注意力集中在决策选择而非方案细节制定上。

7. 深度学习在武器装备中的应用

深度学习技术基于多层网络的神经网络，能够学习抽象概念，融入自我学习，收敛相对快速。它模仿人脑机制，可以完成高度抽象特征的人工智能任务，如语音识别、图像识别和检索、自然语言理解等，深度学习具有多层的节点和连接，经过这些节点和连接，它在每一个层次会感知到不同的抽象特征，且一层比一层更为高级，这些均通过自我学习来实现。

将深度学习技术应用于武器装备的目标识别和定位，有望实现武器装备的自动目标识别和实时态势感知。代表项目有 DARPA 启动的应用于合成孔径雷达的"对抗环境下的目标识别与自适应"项目，应用深度学习领域最新研究成果，有望在合成孔径雷达图像中自动定位和识别目标，增强飞行员的态势感知能力。

8. 运动控制在武器装备中的应用

运动控制技术集人工智能感知、决策和反馈于一体，包括单体运动控制和群体运动控制，主要应用于机器人和无人系统。单体运动控制以美国的四足机器人"大狗"（见图 3-10）和双足人形机器人"阿特拉斯"为代表，它们自带大量传感器，用于监测身体姿态与加速、关节运动、发动机转速以及内部机械装置的液压等参数。通过先进的学习算法，机器人能够不断累积经验，自主避障，穿越复杂地形，具备在高危战场环境下的作战能力。

9. 智能化作战方式

（1）军事训练：通往实战的"智慧桥梁"

"像作战一样训练"是军事训练的发展方向。人工智能技术能够创设更加"真实"的武器操作体验和战场环境，能够逼真演绎作战进程、评估作战构想。在单兵训练中运用人工智能以及增强现实、虚拟现实、模拟仿真等技术，为官兵的战斗技能、生理机能、心理效能等训练提供"虚实融合"的平台与环境支撑，官兵可看到、听到、"触摸"到"真实"的武器装备和战场环境，进行"身临其境、感同身受""基于现实、超越现实"的训练。

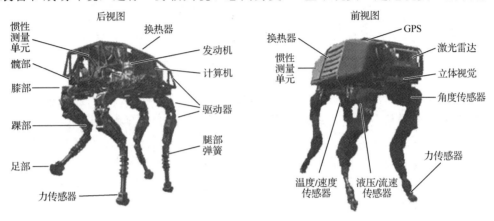

图 3-10 "大狗"机器人的结构和传感器分布示意图

（2）战场态势自主感知

战场态势自主感知是指以多维空间的侦察、感知等智能化技术手段为基础，自主获取敌方、我方、友方兵力部署、武器装备和战场环境等情报信息。

作战设计自主交互：即根据指挥员意图，基于战场情报信息，提供多套作战方案或计划，供指挥员选择。包括进行战场态势判断，提出和验证作战方案。

作战任务自主规划是指无人作战系统能够基于筹划阶段决心方案，自主生成作战行动总体计划和分支计划，基于实施阶段动态决心，自主调整作战计划或生成新的作战计划。包括全程动态自主生成作战计划和自动验证作战计划。

作战行动自主实施是指无人作战系统在联合作战体系支撑下，自动侦测、识别目标信息，并根据目标的性质、位置、大小、状态等，自主展开精确攻防行动，实现作战效能精巧释放。包括自动接收任务与目标需求、自主计算与匹配作战要素、精巧释放体系作战效能。

作战协同自主联动是指无人作战系统依托共享信息，围绕同一作战目标，自主同步地调整各自作战行动，达成行动上的协调一致和功能上的耦合放大，最终实现作战体系内不同作战要素、作战单元行动的同频共振。主要包括信息域的同步共享、认知域的同步交流和行动域的同步联动。

作战效果自主评估：无人作战单元可自主完成打击效果信息的采集汇聚、分级分类，进行基于大数据的分析比对，精准获取毁伤效果，依据效果做出下一轮打击决策。包括对打击目标实时状态进行嵌入式评估、对打击目标实时状态进行大数据分析，以及对技侦手段提供的毁伤信息进行分析判断。

（3）无人作战平台

无人驾驶指让一个智能体（机器人、汽车、飞行器等）拥有自主决策、自主寻路和自主检测目标的能力。无人驾驶技术涉及的主要领域为无人定位、图像识别、自动控制、路径规划等。应用到军事领域中，无人作战车辆、无人坦克、无人潜航器、无人机等作战装备将在战场上扮演愈加重要的角色。

以无人作战车辆为例，以安装在车体上的照相机、GPS、激光雷达和毫米波雷达作为传感器不断对周围进行扫描，建立三维影像，不断对自身实施精确定位，识别周边各类物体，实施作战系统控制，形成一个集检测、定位、作战为一体的闭环系统，实现无人驾驶平台上战场。但这种无人驾驶平台不能处理所有的"意外"问题，因而还不能完全脱离人的操控，"无人+有人"协同作战体系是无人作战平台走向战场的现有模式。就目前的技术手段来看，有人作战平台和无人作战平台各有所长，相互补充，谁也替代不了谁。但人工智能在无人作战平台上的运用无疑将会改变这一局面，能够更好地发挥人工智能不受人类生理特征和生理极限影响的优势，让无人作战平台如虎添翼，战力倍增。可以说，人工智能进军军事领域，走向未来战争，将真正开启无人化作战时代的序幕。

3.3.4 智能军事的未来展望

如果说信息系统是辅助人作战，那么智能系统则可能是代替人作战。以移动互联网、大数据、云计算、机器学习、仿生技术等为代表的智能化技术群对未来战争带来了基础性、长远性和颠覆性影响。

首先，人工智能有可能颠覆战斗力的表现形态：由人与武器直接结合逐渐向人与武器相对分离转变。沿着战争轨迹看，先进的技术经常会催生新的武器，并推动人与武器结合方式发生变化。不难发现，历史上每一次变革，都促使着人与武器的结合越来越紧密。但是，近年来，以无人作战系统为代表的智能化武器装备快速发展，将人的创造性和机器的精准性完美地结合起来，独立或相对独立地完成作战人员难以直接完成的作战任务，这在一定程度上颠覆了人们对人与武器结合方式的传统认知，由人与武器直接结合逐渐向人与武器相对分离转变。

其次，人工智能颠覆指挥控制的方式：由信息系统辅助人逐渐向智能系统部分代替人转变。信息化作战比较强调基于系统，强调围绕人的指挥控制活动，从而提升系统支撑能力，信息系统辅助人的特点比较明显。未来，人工智能技术充分发展，智能化的指挥控制系统将具备比较强的自主指挥、自主控制能力，可相对独立自主地获取信息、判断态势、做出决策、处置情况。在一定程度上颠覆了人们对指挥控制方式的传统认知，由信息系统辅助人逐渐向智能系统部分代替人转变。

最后，颠覆战场力量交战方式：由人机结合的相互杀伤逐渐向无人系统的集群对抗转变。信息化战争并未从根本上改变机械化战争那种人机结合相互杀伤的交战方式。未来，随着无人作战系统在战场上的广泛运用，在一线直接对抗的双方很可能是一系列的无人作战系统，而不是传统战场上人与人的相互厮杀。

3.4 智能安防——从"看得见""看得清"到"看得懂"

随着高清视频、人工智能、云计算和大数据等相关技术的发展，安防系统正在从传统的被动防御升级成为主动判断和预警的智能防御系统。安防行业也从单一的安全领域向多元化行业应用方向发展，旨在提升生产效率、提高生活智能化程度，为更多的行业和人群提供可视化、智能化解决方案。随着智慧城市、智能建筑、智慧交通等智能化产业的带动，智能安防也将保持高速增长。预计在2023年，全球智能安防产业规模可达到450亿美元。

3.4.1 智能安防的现状

随着智能化的发展，智能安防越来越受消费者青睐。智能安防系统包括门禁系统、防盗报警系统以及视频监控系统。

近年来，随着人们生活水平的不断提高，家居生活中入户层面的门禁系统也越来越智能。手机开门、二维码开门、远程开门、云端数据记录等技术和门禁系统的融合越来越常见，门禁系统随之越来越智能化。据中商产业研究院发布的《2018—2023年中国智能家居行业市场前景及投资机会研究报告》中的统计数据显示，2018年，中国门禁系统市场规模约200亿元。

近年来，我国防盗报警器的销售数量和总销售额均在高速攀升。具体来看，2016年，我国防盗报警行业市场规模为180亿元左右，2017年，突破200亿元，2018年，我国防盗报警行业市场规模约为250亿元。

我国的视频监控市场也经历了持续强劲的发展，速度超过全球其他地区。视频监控市场的高速增长反映了我国对个人安全及财产保护的重视程度的增强。据数据统计，2012—2016年我国视频监控行业年增长率均保持在15%以上。2017年，我国视频监控市场规模突破2000亿元。

总体来说，在智能安防系统的三大细分市场上，视频监控市场份额相对较大。随着智能化的发展，未来智能安防行业格局或将发生变化。

3.4.2 智能安防的技术原理

智能安防应用的领域很多，下面以家庭智能安防系统为例，介绍其背后的人工智能原理。当主人外出时，可通过智能控制主机操作开启防盗系统（布防）再锁门离开（也可通过随身携带的无线遥控器进行布防）。主人回家时，只需在智能控制主机上输入密码解除防盗系统（撤防），室内的红外线探测器、门磁开关就会停止工作，以避免主人在家时发生误报（也可通过随身携带的无线遥控器进行撤防）。睡眠时主人也可对指定的区域进行布防。如果外出时忘了撤/布防，可通过智能终端进行远程撤/布防操作。

住户开启智能安防系统后，当有人非法进入室内时，安装在门或窗上的红外线探测器会自动探测到入侵信号，并且立即发送给主机，主机将自动启动声光报警系统，并将信号经智能安防控制主机传到监控管理中心的监控系统。计算机监控屏幕上的住户地图相应位置会出现报警提示，并显示哪一幢楼的哪一个房间里发生的是哪一种类型的报警，并通知相应的安保人员赶赴现场。

住户在家时也可以进行布防，尤其是夜晚睡觉时，系统也能保证安全。同时可按动随身携带的无线紧急求助按钮，向监控中心发出火灾、盗警、医疗等求救信号。紧急求助按钮和燃气泄漏探测器的报警不受密码控制，24小时处于戒备状态。当然，智能安防控制主机还可有多个计算机扩展接口，住户可以直接连上计算机并通过信息传输网络直接上网；如果没有Wi-Fi，通过GSM移动电话网络也可以传送到预先设定的设备上。

3.4.3　智能安防的应用案例

智能安防的应用框架如图3-11所示，主要由智能前端、云、大数据处理平台、深度行业应用等部分组成。当前，人工智能已经渗透到安防行业的前端硬件、数据分析处理中并与各核心场景紧密结合，推动安防行业的应用广度和深度不断拓宽。

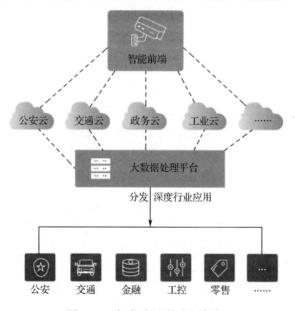

图3-11　智能安防的应用框架

1.　智能前端硬件

未来，感知型摄像机的推广力度会得到加强。若视频监控能够通过机器视觉和智能分析识别出监控画面中的内容，就可以通过后台的云计算和大数据分析做出判断，并在这个基础上采取行动，就能够真正地让视频监控代替人类去观察世界。那么要做到这点，备有感知能力的摄像机是不可或缺的，因为只有在前端的摄像机具有感知识别功能的情况下，我们才能进行智能分析的规模化部署和应用，将视频内容转为可利用的数据。换句话说，感知型摄像机是智能分析经济性和规模化的基础，也是未来智慧城市大数据应用的关键。要拥抱大数据时代，感知型摄像机是视频监控的基石。

如今智能摄像机中往往需要涵盖：音频编解码器+CCD/CMOS 图像传感器+CDS 光敏电阻和 DSP（FPGA）+基于 H.264 以上的 CPU+PHY 以太网芯片，其中 CMOS、FGPA、H.265 都能完全取代先前同等作用的产品。随着边缘计算的到来，图像和视频数据处理模式也发生了改变，原来的单级存储已经不太能满足行业的发展需求，AI 功能前置成为趋势，摄像头的前端附卡率开始增长，监控专用 microSD 正是智能监控数据存储和处理模式多元化的产物。智能摄像机结构如图 3-12 所示。

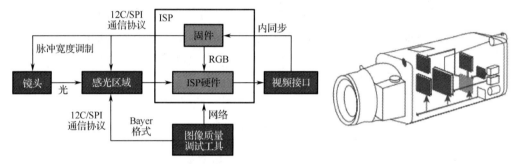

图 3-12　智能摄像机结构

2．智能分析技术

传统的安防产品如摄像机和门禁系统都只能做到初步防御，其监控视频只能进行短暂存储，调取后寻找特定人员或车辆需要花费大量人力和物力成本，出入口控制凭证往往只是听取语音或者用人直接识别面部，而硬件条件缺失也容易产生错误判断。在智能时代，缺少自我识别的安防产品已经不能适应大众对于安防的需求，在这样的条件下将人工智能算法引入安防产品成为关键。人工智能安防主要涉及的算法如表 3-2 所示。

表 3-2　人工智能安防主要涉及的算法

算法名称	主要内容
CNN 卷积神经网络	智能识别技术的基础，模仿人脑对数据抽象化表达，被各领域大量应用
DSP 算法	主要进行数字信号处理，是数字时代大部分产品正常运行的基础，典型的有 FPGA 算法
安全哈希算法	网络安全的基础，防止中间人攻击或网络钓鱼攻击
RSA 算法	公开密钥密码体制，确保信息加密和网络安全，视频会议的基础
四叉树算法	H.264 和 H.265 视频编码标准基础，用特定码率对高画质数字图像进行传送

3．计算机视觉

近年来，"实验室算法"Linkface 公司的 DeepID2、旷视科技的 Megvii 算法、谷歌的 FaceNet 算法分别取得 99.15%、99.50%和 99.83%的图像识别准确率，超过肉眼 97.50%的图像识别准确率，百度的"近实用"算法也取得了 97.6%的图像识别准确率。从此智能识别开始被业界认可，卷积神经网络及其相关技术的应用解决了计算机如何"看世界"的问题，而智能安防产业的首要数据来源便是图像和视频，所以智能识别技术完美契合安防，可以将识别应用从主动识别固定对象提升到被动识别随机对象。在产品落地上主要体现在视频结构化（对视频数据的识别和提取）、生物识别（指纹识别、人脸识别等）、物体特征识别（车牌识别系统）。

（1）视频结构化

利用计算机视觉和视频监控分析方法对摄像机拍录的图像序列进行自动分析，包括目标检测、目标分割提取、目标识别、目标跟踪以及对监视场景中目标行为的理解与描述，理解图像内容以及客观场景的含义，从而指导并规划行动。视频结构化技术融合了机器视觉、图像处理、模式识别、深度学习等前沿的人工智能技术，是视频内容理解的基石。

（2）生物识别技术

生物识别技术是利用人体固有的生理特性和行为特征来进行个人身份鉴定的技术。人脸识别、指纹识别、虹膜识别三种识别方式是目前应用较广泛的生物识别方式，三者的同时使用使得产品在便捷性、安全性和唯一性上都得到了保证。这三种生物识别技术的比较见表 3-3。

表 3-3　生物识别技术优劣势比较

	指 纹 识 别	虹 膜 识 别	人 脸 识 别
优势	是出入口控制较为成熟的识别方式；识别速度快，使用方便且唯一性好；指纹采集设备可以小型化，成本低	是可靠的生物识别技术，人与人之间区别率为100%；有极其固定的生物特征，变化少；用户与设备间无物理接触	识别特征明显，便于观察；非接触式采集，没有侵犯性；技术突破后可应用领域和设备较为广泛
劣势	指纹特征少难成像；捕捉指纹过程中，误差无法避免	识别条件较为苛刻，需要较好的光源；图像获取设备体积较难缩小；识别成本高	准确率有待提升；容易引发隐私泄露的恐慌；遮挡、面部外观变化、光线等因素影响明显

（3）物体识别系统

该系统用于判定一组图像数据中是否包含某个特定的物体、图像特征或运动状态，能在特定的环境中解决特定目标的识别。目前，物体识别能做到的是简单几何图形识别、人体识别、印刷或手写文件识别等，在安防领域较为典型的应用是车牌识别系统，通过外设触发和视频触发两种方式，采集车辆图像，自动识别车牌。

4. 大数据技术

大数据技术为人工智能提供强大的分布式计算能力和知识库管理能力，是人工智能分析预测、自主完善的重要支撑。该技术包含三大部分：海量数据管理、大规模分布式计算和数据挖掘。

海量数据管理被用于采集、存储人工智能应用所涉及的全方位数据资源，并基于时间轴进行数据累积，以便能在时间维度上体现真实事物的规律。同时，人工智能应用长期积累的庞大知识库，也需要依赖该系统进行管理和访问。例如，海康威视研究院开发的海康大数据平台已能支撑千亿级规模的车辆通行记录存储管理和应用。大规模分布式计算使得人工智能具备强大的计算能力，能同时分析海量的数据，开展特征匹配和模型仿真，并为众多用户提供个性化服务。数据挖掘则是人工智能发挥真正价值的核心，利用机器学习算法自动开展多种分析计算，探究数据资源中的规律和异常点，辅助用户更快、更准地找到有效的资源，进行风险预测和评估。

未来的智能分析产品拥有强大的自学习和自适应功能，能够根据不同的复杂环境进行自动学习和过滤，同时也能将视频中的干扰进行自动过滤，从而提高准确率和清晰度。例如，科达猎鹰人员卡口分析系统，它集成了人脸检测算法、人脸跟踪算法、人员跟踪算法、人脸质量评分算法、人脸识别算法、人员属性分析算法、人员目标搜索算法的技术，实现对各个场所人员进出通道进行人脸抓拍、识别、属性特征信息提取，建立全市海量人脸特征数据库。通过对接公安信息资源数据库，可对涉恐、涉稳的犯罪嫌疑人进行识别，并进行提前布控和实时预警，掌握他们的行踪和动态，随时做好应对准备。同时，公安人员也可以对犯罪嫌疑人进行轨迹分析和追踪，快速锁定嫌疑人的活动范围和路线；对不明人员快速进行身份鉴别，为案件侦破提供关键线索。由此可见，通过这个系统的建设与应用，能够实现在大数据时代公安工作的良性发展，在提高工作效率的同时，也能缩短破案周期。

5. 智能安防场景

随着人工智能在安防行业的渗透和深层次应用技术的研究开发，当前安防行业已经呈现"无人工智能，不安防"的新趋势，各安防监控厂商全线产品人工智能化已经是当前不争的事实，同时也成为各厂商的新战略。随着人工智能在安防行业的深入落地，人工智能在安防领域尤其是视频监控领域的产品形态及应用模式也开始趋于稳定，并推动安防领域向更智能化、更人性化的方向前进，主要体现在以下几方面。

（1）在公安部门的应用

公安部门的迫切需求是在海量的视频信息中发现犯罪嫌疑人的线索。人工智能在视频内容的特征提取、内容理解方面有着天然的优势。前端摄像机内置人工智能芯片，可实时分析视频内容，检测运动对象，识别人、车属性信息，并通过网络传递到后端人工智能的中心数据库进行存储。人工智能汇总海量城市级信息后，利用强大的计算能力及智能分析能力，对嫌疑人的信息进行实时分析，给出最可能的线索建议，将嫌疑人的轨迹锁定由原来的用时几天缩短到现在的几分钟，为案件的侦破节约宝贵的时间。其强大的交互能力，将来还能与办案人员进行自然语言的沟通，真正成为办案人员的专家助手。以车辆特征为例，人工智能可以进行车辆追踪，在海量的视频资源中锁定涉案的嫌疑车辆的通行轨迹，如图 3-13 所示。

（2）在交通领域的应用

在交通领域，随着交通卡口的大规模联网，汇集海量车辆通行记录信息，对于城市交通管理有着重要的作用，利用人工智能技术，可实时分析城市交通流量，调整红绿灯间隔，缩短车辆等待时间，提升城市道路的通行效率。城市级的人工智能大脑实时掌握着城市道路上通行车辆的轨迹信息、停车场的车辆信息以及小区的停车信息，能提前半个小时预测交通流量变化和停车位数量变化，合理调配资源、疏导交通，实现机场、火车站、汽车站、商圈的大规模交通联动调度，提升整个城市的运行效率，为居民的出行畅通提供保障。

图 3-13 人车追踪

（3）在智能楼宇中的应用

在智能楼宇领域，人工智能是建筑的大脑，综合控制着建筑的安防、能耗，对于进出大厦的人、车、物实现实时的跟踪定位，区分办公人员与外来人员，监控大厦的能源消耗，使得大厦的运行效率最优，延长大厦的使用寿命。智能楼宇的人工智能核心是汇总整个楼宇的监控信息、刷卡记录，室内摄像机能清晰捕捉人员信息，工作人员在门禁处刷卡时实时比对通行卡信息及刷卡人脸部信息，及时检测出盗刷卡行为。还能区分工作人员在大厦中的行动轨迹和逗留时间，发现违规探访行为，确保核心区域的安全。

（4）在工厂园区的应用

工业机器人由来已久，但大多数是固定在生产线上的操作型机器人。可移动巡线机器人在全封闭无人工厂中将有广泛的应用前景。在工厂园区，以往安防摄像机主要被部署在出入口和工厂周围，对内部边角位置无法监控，而这些地方恰恰是安全隐患的死角。人工智能利用可移动巡线机器人定期巡逻，读取仪表数值，分析潜在的风险，保障全封闭无人工厂的可靠运行，真正推动"工业4.0"的发展。

（5）在民用安防领域的应用

在民用安防领域，每个用户都是极具个性化的，利用人工智能强大的计算能力及服务能力，可以为每个用户提供差异化的服务，提升每个用户的安全感，满足人们日益增长的服务需求。以家庭安防为例，当检测到家庭中没有人员时，家庭安防摄像机可自动进入布防模式，有异常时，给予闯入人员声音警告，并远程通知主人。而当家庭成员回家后，又能自动撤防，保护用户隐私。夜间，通过一定时间的自学习，掌握家庭成员的作息规律，在主人休息时启动布防，确保夜间安全，真正实现人性化。

3.4.4 智能安防的未来展望

智能安防行业未来四大发展方向如下：

1. 前端化

随着芯片集中度的不断提高，人工智能处理能力越来越强，许多厂商推出智能网络摄像机（IPC）、智能硬盘录像机（DVR）和智能网络录像机（NVR），将一些简单通用的智能技术移植到前端设备中。未来将有更多的智能算法在前端设备中实现，智能安防行业将不断前端化。

2. 云端化

智能安防已有的智能化产品大多是将多种人工智能功能固化在某一类硬件中，每台硬件设备提供一种或有限的几种智能化服务。未来，硬件资源的概念将逐步淡化，智能化以服务模块的方式提供给客户。云端会根据客户的需要提供服务，实现资源按需分配，最大化地满足客户需求并提高资源利用率。

3. 平台化

安防厂商在推进智能化解决方案的同时将越来越多地需要对软件平台及其配套的硬件设备进行整合，其标准也越来越统一。未来几年，安防监控的应用类型将日趋清晰，其技术标准、开发接口等将日趋统一。大厂商制定标准，小厂商兼容标准的合理产业模式将逐渐形成，有实力的安防厂商也将推出自己有主导力的解决方案平台。

4. 行业化

智能化解决的是行业客户在业务应用中存在的问题，因此智能化需要往行业化方向进一步深化。首先智能化厂家要从行业出发，定位目标行业和细分市场，确定自己的发展方向。其次，在具体行业中深入业务应用、业务流程等，剖析行业问题，寻找解决之道。最后，结合自身的技术积累，为行业客户提供优质的行业智能解决方案，未来的智能化将是行业智能化的天下。

第4章

人工智能让工作更高效（下）

⟶ **本章思维导图**

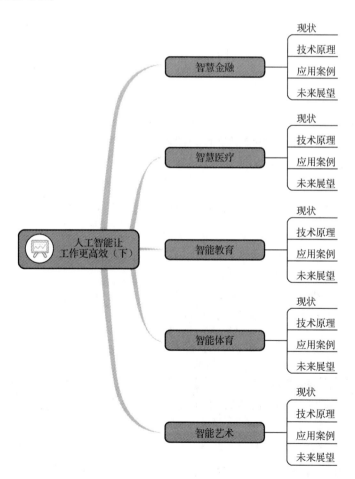

4.1 智慧金融

智慧金融是指基于现代互联网技术，运用大数据、人工智能、云计算等金融科技手段，使金融业在业务流程、业务拓展和客户服务等方面得到全面的智慧提升，实现金融产品、风控、获客、服务的智慧化。金融主体之间的开放和合作，使得智慧金融表现出智能化、高效率、便捷化、普惠化、个性化、绿色化、无感化等特点。

1. 智能化

智能化是智慧金融最本质的特点，智慧金融可以从用户的角度去主动思考、理解和感知用户需求、优化用户服务体验、提升研判与决策效率、防范金融运行风险。智慧金融通过多种渠道将金融产品、服务与监管向智能化升级，充分利用前沿信息技术，打造"聪明""人性""体贴"的金融服务。同时，也在逐步减少和替代金融活动中的人工干预。

2. 高效率

智慧金融在业务办理、资金流转、交易决策、风险防控等应用上能够实现快速响应、快速处理和快速结果反馈，满足用户的实时或快速处理要求。

3. 便捷化

智慧金融服务通过互联网技术在可操作性、实用性等方面保持简单、灵活、便捷，消费者使用智慧金融产品与服务的时空与智力成本较低。

4. 普惠化

智慧金融面向的受众群体具有明显的广泛性和普适性，对用户在金融知识和技能上的要求较低。

5. 个性化

智慧金融在理解和感知客户需求以及客户营销与服务方案定制方面提供精准的个性化、定制化服务，实现"千人千面"的服务格局。

6. 绿色化

智慧金融是先进信息技术与现代金融业务高度融合与创新的产物，具有绿色、节能的特点，在降低金融活动中的人力、物力和其他能源资源消耗方面更具优势。

7. 无感化

智慧金融可将传统金融服务与消费场景无缝融合，实现特定场景下的无感支付和无感消费，使金融支付活动与消费场景融为一体，可以应用在如智能停车场、无人超市等场景。

4.1.1　智慧金融的现状

国内的金融行业逐步开始应用人工智能技术。在技术创新的持续引领下，科技赋能金融成为不可逆转的发展趋势，金融行业逐渐迈入了智能化时代，智慧金融在证券、银行、保险、理财、风控、支付等领域的广泛实践，不仅提高了金融服务供给的自动化水平，同时也拓展了金融服务的覆盖面，使普通百姓也能共享智能金融发展成果。

1. 智能支付

近年来，我国支付服务行业在市场规模、用户数量、应用场景等方面的发展均处于国际领先水平。移动支付更是成为彰显金融服务产业国际竞争力的中国名片。如图 4-1 所示，截至 2017 年年底，我国非现金支付业务笔数达到 1608.78 亿笔，金额达到 3759.94 万亿元，十年间分别增长 7.7 倍和 4.9 倍。

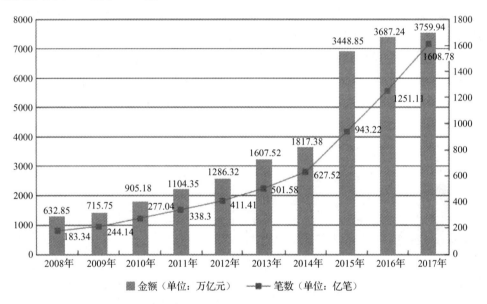

图 4-1　2008—2017 年我国非现金支付业务发展情况

在未来"物物联通"的环境中，以"人脸识别"等生物特征作为辅助验证手段，支付也许将渐渐摆脱智能手机、智能手环、智能手表等硬件设备的束缚，向"无感支付"的方向发展。

2. 智能理财

传统理财模式与互联网的结合，掀起了"全民理财"的风潮，服务于数以亿计的用户并涉及万亿级规模的资金。2013 年，"宝宝类"理财产品将"1 分钱理财"的观念广泛传播开来。之后，通过与生态伙伴开展合作，布局集成化产品矩阵，为不同风险偏好、资金实力、理财目标的人群打造的一站式互联网理财平台规模日趋壮大。

据 CNNIC 第 44 次《中国互联网络发展状况统计报告》中的统计数据，截至 2019 年 6 月，我国互联网理财用户规模达到 1.70 亿，占网民整体比例的 19.9%（见图 4-2）。

图 4-2　我国互联网理财用户规模及使用率

2018 年，国家金融与发展实验室与腾讯金融科技智库联合发布《互联网理财指数报告》，报告显示，我国互联网理财规模已由 2013 年的 2152.97 亿元增长到 2017 年的 3.15 万亿元，四年间增长了约 14 倍。同时，报告还显示，互联网理财指数由 2013 年的 100 点增长到 2017 年的 695 点，增长近 6 倍。总体来看，互联网理财模式满足了闲置资金少、灵活度要求高、对互联网接受程度较好的群体的财富增值和管理需求。智能理财具体特征见图 4-3。

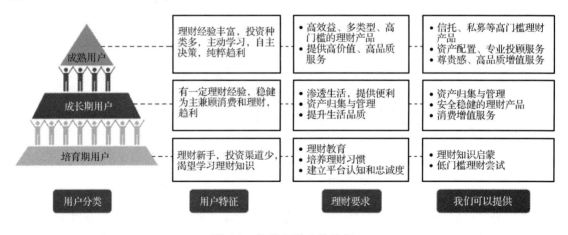

图 4-3　智能理财具体特征

3. 智慧银行

布莱特·金（BrettKing）在《银行 3.0：移动互联时代的银行转型之道》一书中曾提出，"银行将不仅是一个'地方'，同时也是一种'行为'。客户需要的不是实体的营业网点，而是便利的服务和功能"。随着信息技术的迅猛发展，商业银行的组织形式、服务模式也在悄然变化。智慧银行如图 4-4 所示。

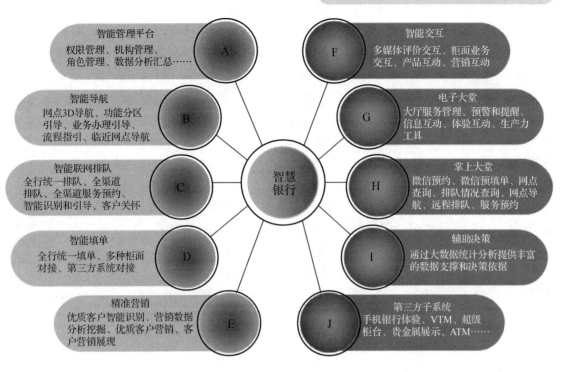

图 4-4　智慧银行

2018年3月，中国银行业协会发布的《2017年中国银行业服务报告》显示，银行业务服务"轻型化、智能化、特色化、社区化"成为发展趋势，电子渠道创新不断深化，2017年，银行业金融机构离柜交易达2600.44亿笔，离柜交易金额达2010.67万亿元，同比分别增长46.33%和32.06%，行业平均离柜业务率为87.58%。同期，网上银行交易达1171.72亿笔，交易金额达1725.38万亿元，同比分别增长37.86%和32.77%，手机银行交易达969.29亿笔，交易金额达216.06亿元，同比分别增长103.42%和53.70%。

4. 智能证券

互联网和移动通信技术的发展，丰富了证券行业的获客方式和服务渠道，从合作模式、组织结构、合规风控等方面引领了证券行业的变革。如今，股民网上炒股、手机炒股普及率大幅提高，绝大多数证券公司网络开户占比超过九成，部分证券公司互联网平台佣金占比超过一半。

手机炒股App打破了时间和空间的限制，为人们提供了优质移动证券服务体验。各大证券公司通过自主研发移动端App、开通微信公众号以及与外部互联网平台合作等模式，加速自身证券业务的网络化改造，进一步完善了移动证券服务生态链，探索出移动互联背景下的金融服务新模式。此外，新兴互联网券商开始涌现。互联网券商不设线下营业网点，用户通过线上方式开户、交易。

5. 智能投顾

在大数据分析、机器学习等创新技术应用的基础上，证券行业在客服、交易、咨询、风控等流程中的智能化程度不断提升，智能投顾（Robo-Advisor）模式在国内外市场蓬勃兴起。除了字面意思上的投资建议功能之外，广义上的智能投顾还涉及投资组合管理服务，结合客户风险偏好和预期收益目标等信息，通过算法实现对客户资产的配置、管理和优化，部分智能投顾还可进行交易执行，是一种综合性、自动化、定制化的资产管理服务。

智能投顾服务模式诞生于 2008 年，自 2011 年开始，在美国等市场发展速度显著加快。通过智能投顾开展投资管理是财富管理市场的重大突破。与传统投顾模式相比，智能投顾具备透明度较高、投资门槛和管理费率较低、用户体验良好、个性化投资建议等独特优势，对于特定客户群体而言吸引力较高，呈现出用户数量和市场规模的不断增长。

在中国市场，据不完全统计，目前宣传具有"智能投顾"功能的各类理财平台已经超过 20 家，典型产品如招商银行的摩羯智投、民生证券的璇玑智投、广发证券的贝塔牛等。技术的发展降低了市场的进入门槛，许多创业企业凭借技术优势，与国内外券商合作，通过智能投顾服务切入财富管理领域。而商业银行、券商、保险公司、财富管理机构等，则通过将智能投顾整合进原有咨询类业务中，作为对传统服务渠道和功能的延伸和拓展，充分利用客户规模和品牌效应，客观上为智能投顾的普及形成了支撑，也提高了对投资者的吸引力。

6. 智能保险

近年来，得益于经济稳定增长、社会财富持续积累、人口结构变化和政策红利等因素，消费者购买保险的能力和投保意愿不断提升，我国保险市场业务规模保持快速增长。根据国家统计局的数据，2013—2017 年，我国国内生产总值（GDP）年均复合增长率为 8.57%，同期，根据银保监会数据，我国保险行业原保险保费收入的年均复合增长率为 20.72%（见图 4-5）。

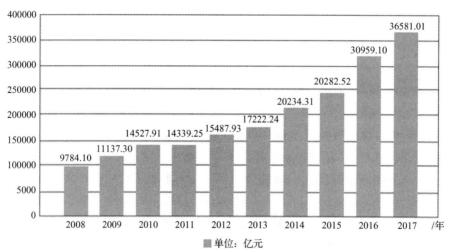

图 4-5　2008—2017 年我国保险行业原保险保费收入情况

在保险领域，通过互联网生态中积累的人口属性、社交画像、行为习惯、兴趣爱好等大数据资源，尝试将大数据分析融入用户获取保险的全流程体验中，实现投保前的精准营销，投保中的精准定价和反欺诈，投保后的精准续保和理赔风控，为用户提供更加智能的保险服务（见图4-6）。

图4-6 智能保险服务

7. 智能风控

金融的要义是资金融通，其中的核心是数据和信息。互联网改变了信息的产生和获取方式，大量的碎片化、非标准化的信息在互联网渠道中不断累积，与此同时，信息的内容更加丰富及多元化。以交易数据为例，具体而言，用户的交易行为会产生数据，包括商户信息、商品信息、消费地点、消费时间、交易金额，等等。经过数年的积累，借助大数据分析工具，可以对用户的消费习惯和偏好、商户的经营状况等情况进行大致判断，勾勒出用户画像，并以此为基础，叠加多元化增值服务，能够为用户统计、精准营销、客户管理、理财融资、个性化定制等各类应用场景提供高质量、强有力的数据支撑。

此外，大数据分析为金融领域风控和反欺诈提供了有力的技术支持。通过收集各行业、各流程的数据形成数据体系，金融服务商可以从用户行为、地理位置、消费习惯等多个维度综合评判用户的风险，为金融安全保驾护航。

智能风控趋势如图4-7所示。

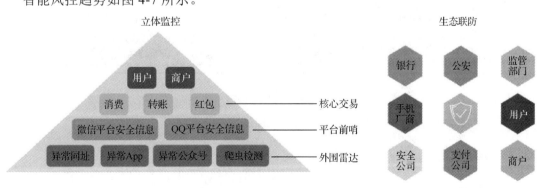

图4-7 智能风控趋势：立体监控+生态联防

4.1.2 智慧金融的技术原理

目前，人工智能在金融领域的运用，主要集中在 4 个方面：智能风控、监管科技、智能客服和智能投顾。下面以智能客服系统为例，了解智慧金融领域智能客服系统工作原理。

智能客服系统聚焦于智能语音识别领域，应用自然语言理解等技术，实现人与机器的交互，为银行客户提供智能语音自助服务，解决业务咨询、业务查询、业务办理等客户服务应用场景。采用的技术包括语言技术以及语义技术两种，电话银行数量庞大的通话数据以及基数惊人的用户单据，通过该技术都可以进行分类和标签化定义，从而更容易发现有价值的信息，为下一步的决策提供数据支持。语言语义分析的重要特点是可以对信息进行自动化的分类归纳，对重点信息进行判断甄别；同时根据关键词关联相关数据，并对高频词进行汇总，这样很容易发现客户的关注点和兴趣点。同时，语音数据挖掘系统还能以客服和客户的通话记录为基础，对出现较多的咨询问题进行统计，将咨询问题输入机器，通过机器自主学习生成热点问题知识库，为后续的自动化回复做参考。智能客服系统技术原理如图 4-8 所示。

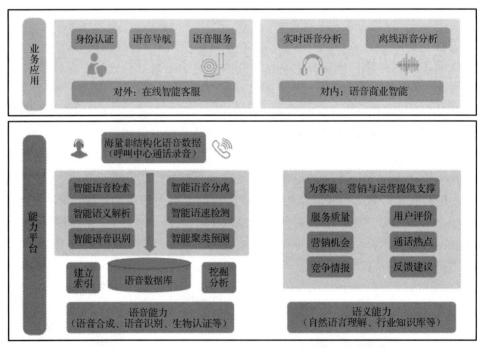

图 4-8　智能客服系统技术原理

4.1.3 智慧金融的应用案例

1. 智能支付

智能支付领域主要以支付宝和微信支付为例，数据显示，截至 2018 年 9 月末，微信及

WeChat 月活跃账户达 10.825 亿，微信支付月活跃用户数突破 8 亿；阿里巴巴财报显示，截至 2018 年年末，支付宝及其附属公司的全球年度活跃用户超过 10 个亿，成为全球首个用户量超过 10 亿的非社交类 App。

2. 智能理财

2013 年 6 月，支付宝和天弘基金联合推出余额宝，2014 年，腾讯理财通在微信钱包上线，定位于精选理财平台，首批接入华夏、汇添富、易方达、广发四家公司的货币基金产品。同时，腾讯理财通还陆续上线了"工资理财""梦想计划""预约还信用卡"等生活化理财服务，帮助用户更智能、便捷地管理资金，为用户提供更多触手可及的金融服务。

3. 智慧银行

包括银行网点、手机银行 App、微信服务等"一站式、自助化、智能化"的全新服务体验。业务办理模式由"柜员操作为主"转变为"客户自主、自助办理"。

4. 智能证券

利用 OCR（Optical Character Recognition，光学字符识别）+人脸识别技术，只需要下载 App，扫描身份证件和银行卡，进行活体检测和人脸识别，就可以完成证券开户。对比传统线上开户流程，采用远程开户智能解决方案之后，无须用户手动输入身份证信息，身份证号识别准确率达到 100%；OCR 识别银行卡，代替用户手动输入卡号，避免手动录入出错；然后根据身份证 OCR 识别出的证件头像和活体检测截取的现场人像进行人脸比对，再与公安部高清照片数据源进行比对，确认用户真实身份，提高风控安全。

5. 智能投顾

第三方平台与业内众多传统的银行、保险、基金、信托等金融机构"嫁接"，对用户行为、市场、产品等进行详细的分析，智能化地为客户推荐多元化的投资组合。

6. 智能保险

"微保"（WeSure）是腾讯首家控股的保险平台，通过与国内保险公司合作的方式，让用户可以通过微信、QQ 的生活服务平台，进行保险购买、查询及理赔。目前，微保已上线的产品包括微医保（医疗险、重疾险）、微车保（驾乘意外险）等。微保致力于探索保险领域行业共赢的平台模式，将腾讯在连接、数据、安全、场景等方面的核心能力输出到保险产品的设计、开发、定价阶段，帮助保险公司识别客户、识别风险，优化保险产品的定价和用户体验，通过严选和定制，将更加个性化、性价比高的保险产品提供给客户，做"更懂你的保险"。

7. 智能风控

平台通过建立以数据和技术为核心驱动的风控系统，建立包含用户数据采集、实时计算引擎、数据挖掘平台、自动决策引擎结合人工辅助审批的全面风控能力。

4.1.4 智慧金融的未来发展

1. 从产品供给到以客户需求为中心

金融服务模式变化背后的推动因素是广泛、多元化的，其中，用户对服务和产品需求的缺口，以及用户行为习惯的变化，成为重塑金融服务产业格局的重要驱动力。作为体量庞大的单一市场，我国金融服务市场既存在传统金融体系未能有效覆盖的金融需求，集中体现在居民和企业可获得的金融工具有限，投融资渠道较为单一等方面；也存在不断涌现的新兴金融需求。随着经济活动朝着远程化、数字化、虚拟化纵深方向发展，用户对金融产品和服务的诉求逐渐发生变化，对便捷、快速、安全、低成本的金融服务的需求显著提升。另外，在互联网环境中成长的"85后""90后"乃至"00后"逐渐步入主流消费市场，这部分群体对于线上沟通交流方式的偏好和个性化服务、产品的青睐，进一步催生出全新的、差异化的金融需求和模式。

在这样的背景之下，互联网金融服务的供给不再是单纯地将传统金融业务互联网化，而是更多地从用户视角出发，思考如今的消费者想要哪些金融产品和服务。在金融产品和服务的研发设计中，许多带有明显"互联网思维"的非传统金融服务商，尤为强调用户体验与算法结合，产品功能丰富，操作简单，用户黏性较强，得以在短时间内积累大量固定用户群，持续扩大市场份额，由此也带来了新兴金融服务主体的涌现和崛起，并明显提升在金融产业链条中的参与度。

未来，在解决支付、借贷等基础性金融需求之外，智慧金融将进一步引领金融服务向更为个性化、差异化、专业化的方向迈进。随着技术的升级与成熟，金融服务机构或将能够根据宏观市场波动、客户自身财务状况、日常消费习惯、风险承受能力等各种因素，为不同客户提供不同类别的金融解决方案，辅助客户做出更为理性、更为优化、更为动态灵活的财务规划与决策，实现金融服务的"千人千面"。

2. 从技术的简单叠加到多元融合

在过去的数十年中，技术创新已成为金融服务产业转型升级过程中的基础性要素。此前，依托互联网、移动通信、智能手机等技术的应用和普及，我国互联网金融、金融科技产业在市场规模、用户数量、技术迭代等方面，一直处于高速增长并跻身国际领先水平。随着互联网基础设施建设的不断完善，移动互联应用的渗透率持续攀升，截至2018年12月，我国网民规模达8.29亿，手机网民数量达8.17亿，超过全球和亚洲平均水平。

当前，大数据、云计算、物联网、人工智能、区块链等新兴技术正在不断涌现并日益成熟，这将进一步推动金融服务领域新一轮的创新浪潮。技术和金融服务模式的结合，不再是将金融业务简单"搬"到智能终端上，而是深度嵌入金融服务的各个流程和环节，从前端产品营销、用户服务，到后台风险控制、合规管理，体现出各类新兴技术的综合性、一体化应用趋势。以智能投顾模式为例，大数据分析、云计算存储、机器学习等技术的无缝化衔接，为智能投顾出具更为精确、个性化的投资建议和资产配置方案奠定了基础。

任何一种技术创新并非是独立存在的万能之策，各项技术之间相互依存、彼此促进，为金融服务的创新发展提供了一个庞大的"技术工具箱"。现阶段，我国金融机构、互联网巨头、技术初创企业等市场主体，已经在区块链、人工智能等细分领域积极布局，研发验证项目和场景模拟，以期通过新兴技术"工具"的有机整合、组合运用，进一步解决金融服务体系中现存的痛点，推动金融服务产业效率提升，促进金融服务实体经济、社会民生，进而发挥技术创新的最大边际效益和核心价值。

3. 从应用场景到生态金融图谱

如果说此前的金融模式创新大多建立在对细分应用场景的价值挖掘，对传统商业模式的升级改造，那么，未来的智慧金融有望进一步催生新的商业模式和经济增长点，形成更为广阔的生态金融圈。

以产业发展最早且最为成熟的第三方支付为例，从最初服务于电商交易场景开始，其服务市场的广度和深度在不断拓展。线下企业需要将客流量转化为有效数据，通过支付平台聚合与导入用户，挖掘并分析消费数据，以此推动支付+营销等模式发展。从线上交易到线下消费体验、线下营销到线上交易的 O2O（Online To Offline）模式，同样也通过移动支付的入口得到迅速推广。支付日益发展成为一种底层技术和基础设施，渗透至多元化的交易场景，催生出各类"支付+"创新服务，甚至是全新的商业模式，比如，扫码支付的推广与普及，成为共享经济不可或缺的实现条件。

在"互联网+"发展初期，线上线下的边界非常清晰。随着移动互联在人们日常生活中的全方位渗透和普及，互联网经济线上线下模式彼此交融的特征逐步显现，从 O2O 到 OMO（Online-Merge-Offline，线上与线下融合）的发展脉络日益清晰。传统行业的市场主体通过互联网支付领域的局部搭建完整的线上商业链条。而 2017 年以来，众多互联网行业巨头，也开始密集向零售、制造、公共交通等传统线下产业进军，通过与不同行业主体之间的密切合作，延伸服务半径，优化业务流程，将一个个独立、具体的应用场景，串联成一体化、优势互补的生态金融圈，推进从场景金融到生态金融的迁移。

4. 从竞合博弈到协同共赢

新兴金融服务模式和服务主体的不断涌现，是我国金融改革过程中产业分工专业化趋势的集中体现。在整个金融体系中，新兴金融业态从体量和规模上仍属于补充性业务，定位于小额、快捷、便民，但是其在相当大程度上满足了市场多元化需求，为我国金融改革与创新贡献了积极力量。

新兴金融服务主体促进了金融前端服务市场的竞争，对整体服务效率的改善产生了深远影响。激烈的竞争带来了金融服务成本的降低，拓宽了金融工具和渠道的选择范围，并从一定程度上倒逼传统金融服务产业改进服务，在产品和模式上寻求创新转型，从而进一步激发了市场创新活力。竞争并不是市场主体关系的全貌，在金融服务的众多领域，特别是后台业务环节，新兴金融服务主体与商业银行等传统金融机构，充分利用各自优势，开展不同层面的合作。比如，在银行卡支付领域，作为收单服务机构的第三方支付机构，负责商户拓展、POS 终端布放和日常维护，降低了银行的运营和维护成本，使银行也成为了直接受益者，共同促进了我国银行卡产业的发展壮大。

智慧金融与传统金融体系之间并不是纯粹的竞争关系，更多体现出的是"补强"关系，更多强调以技术综合应用为基础，提供更加专业化、个性化的综合金融服务，更加自动化、实时化的风险监测和管理，使金融体系的运行更加高效、更加安全，并通过与金融产业上下游主体的联动与合作，推动整体金融服务产业的持续健康发展。

4.2 智慧医疗

智慧医疗（Wise Information Technology of 120，WIT120），通过打造健康档案区域医疗信息平台，利用最先进的物联网技术，实现患者与医务人员、医疗机构、医疗设备之间的互动，逐步实现智慧信息化。智慧医疗具有以下特点：

（1）互联。经授权的医生能够随时查阅病人的病历、患病史、治疗措施和保险细则，患者也可以自主选择更换医生或医院。

（2）协作。把信息仓库变成可分享的记录，整合并共享医疗信息和记录，以期构建一个综合的专业的医疗网络。

（3）预防。实时感知、处理和分析重大的医疗事件，从而快速、有效地做出响应。

（4）普及。支持乡镇医院和社区医院无缝地连接到中心医院，以便可以实时地获取专家建议、安排转诊和接受培训。

（5）创新。提升知识和过程处理能力，进一步推动临床创新和研究。

（6）可靠。使从业医生能够搜索、分析和引用大量科学证据来支持他们的诊断。

4.2.1 智慧医疗的现状

近几年，智慧医疗产业呈现出快速发展势头，一些现有的知名企业，利用自己的产业优势，已经开始在智慧医疗领域进行产业布局，如阿里巴巴的阿里健康和"医疗云"、万达大健康产业、恒大健康等。我国智慧医疗产业规模逐年提高，如图4-9所示。

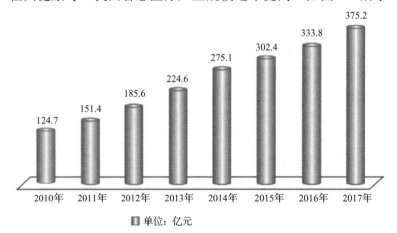

图 4-9　2010—2017 年我国智慧医疗产业规模

人工智能在医学方面获得了广泛的应用，主要应用如表4-1所示。

表4-1 人工智能在医学方面的应用

应用领域	医疗机器人	医疗影像	远程问诊	药物挖掘
应用AI技术	● 图像识别 ● 语音识别 ● 机器学习	● 图像识别 ● 深度学习	● 深度学习 ● 图像识别 ● 语音识别 ● 语义识别 ● 知识图谱	● 深度学习
应用场景简介	通过机器学习、语音识别、图像识别等技术，在微创手术、康复等场景辅助医生工作	通过引入深度学习技术实现机器对医学影像的分析判断，筛查出潜在有病症的影像片子	通过分析用户体征、文字、语音、图片、视频等数据实现机器的远程诊疗，但目前大多仍需人的介入，只在部分环节实现了机器化	协助药厂，通过深度学习，对有效化合物以及药品副作用进行筛选，提高筛选效率，优化构效关系；结合医院数据，迅速找到符合条件的病人
应用成熟度	技术刚刚起步	技术刚刚起步，数据量是最大瓶颈	技术刚刚起步，仍是人工为主，机器为辅的状态	技术仍在发展
未来发展预期	手术机器人审批较为严格，未来发展较为缓慢，但市场前景大；康复护理类机器人将迎来较大发展	未来将辅助医生完成一部分影像的筛查，拥有优质、大量影像数据源的公司将占据市场优势	临床诊断辅助系统将逐渐成为主要的一个应用场景	目前抗肿瘤药，心血管病和孤儿药等为主要应用领域，未来将取决于药企研发新药的热门领域有哪些

1. 医院信息系统（HIS）

用以收集、分析、处理、存储和传递医疗信息、医院管理信息。智能化医院信息系统可以完成病人登记、预约、病历管理、病房管理、临床监护、医院行政管理、健康检查登记、药房和药库管理、病人结账和出院、医疗辅助诊断决策、医学图书资料检索、会诊和转院、统计分析、实验室自动化和接口等。

2. 医学情报检索系统

利用数据库技术和网络技术，对医学图书、期刊、各种医学资料进行分类检索和管理，利用关键词等即可迅速查找出所需文献资料。

检索工作可分为三个部分：①情报的标引处理；②情报的存储与检索；③提供多种情报服务，可向用户提供实时检索，进行定期专题服务，以及自动编制书本式索引。

美国国立医学图书馆编制的"医学文献分析与检索系统"（MEDLARS）是国际上较著名的软件系统，这是一个比较完善的实时联机检索的网络检索系统。通过该馆的计算机系统能提供联机检索和定题检索服务，通过通信网络、卫星通信或数据库磁带的方法，在16个国家和地区中形成世界性计算机检索网络。中国也开发了一些专题的医学情报资料检索系统，如中医药文献、典籍的检索系统。

3. 药物代谢动力学软件包

药物代谢动力学运用数学模型和数学方法定量地研究药物的吸收、分布、转化和排泄等动态变化的规律性。人体组织中的药物浓度不可能也不容易直接测定，因此常用血尿等样品进行测量，通过适当的数学模型来描述和推断药物在体内各部分的浓度和运动特点。在药物代谢动力学的研究中，最常用的数学方法有房室模型、生理模型、线性系统分析、统计矩和随机模型等。这些新技术新方法的发展与应用，都与计算机技术的应用分不开。已开发了不少药物代谢动力学专用软件包，其中较著名的有 NONLIN 程序（一种非线性最小二乘法程序）。

4. 疾病预测预报系统

疾病在人群中流行的规律，与环境、社会、人群免疫等多方面因素有关，计算机可根据存储的有关因素的信息并根据它建立的数学模型进行计算，做出人群疾病流行情况的预测预报，供决策部门参考。荷兰、挪威等国还建立了职业病事故信息库，因此能有效地控制和预测职业病危害的影响。中国上海、辽宁等地卫生防疫部门，对气象因素与气管炎、某些地方病、流行病（如乙型脑炎、流行性脑膜炎等）的关系做了大量分析，并建立了数学模型，用这些模型可成功地做出这些疾病的预测预报。

5. 计算机辅助教学（CAI）

可以帮助学生学习、掌握医学科学知识和提高解决问题的能力，以及更好地利用医学知识库和检索医学文献；教员可以利用它编写教材，并可通过电子邮件与同事和学生保持联系，讨论问题，改进学习和考查学习成绩；医务人员可根据各自的需要和进度，进行学习和补充新的医学专门知识。

4.2.2 智慧医疗的技术原理

人工智能对医疗的正向作用主要体现在三方面：第一，让机器能够代替医生完成部分工作，让医疗资源更多地惠及患者；第二，能够提高机构、医生的工作效率，降低医疗成本；第三，能够通过 AI 手段提高患者自查率，更早发现、更好管理疾病。人工智能在医疗领域的主要应用有医疗机器人、医疗影像、远程问诊、药物挖掘等。智慧医疗由三部分组成，分别为智慧医院系统、区域卫生系统以及家庭健康系统。下面以智慧医院系统为例，介绍其基本工作原理。

智慧医院系统由数字医院和提升应用两部分组成。数字医院包括医院信息系统（Hospital Information System，HIS）、实验室信息管理系统（Laboratory Information Management System，LIS）、医学影像存档与通信系统（Picture Archiving and Communication Systems，PACS）、医生工作站四个部分。实现病人诊疗信息和行政管理信息的收集、存储、处理、提取和数据交换。

医生工作站的核心工作是采集、存储、传输、处理病人的健康状况和医疗信息。医生工作站包括门诊和住院诊疗的接诊、检查、诊断、治疗、处方和医疗医嘱、病程记录、会诊、转科、手术、出院、病案生成等全部医疗过程的工作平台。

提升图像远程传输、大量数据计算处理等技术在数字医院建设过程中的应用，实现医疗服务水平的提升。比如：远程探视，避免探访者与病患的直接接触，杜绝疾病蔓延，缩短恢复进程；远程会诊，支持优势医疗资源共享和跨地域优化配置；自动报警，对病患的生命体征数据进行监控，降低重症护理成本；临床决策系统，协助医生分析详尽的病历，为确定准确有效的治疗方案提供基础；智慧处方，分析患者过敏和用药史，反映药品产地批次等信息，有效记录和分析处方变更等信息，为慢性病治疗和保健提供参考。

4.2.3　智慧医疗的应用案例

1. Intuitive Surgical（直觉外科）的达芬奇手术机器人

达芬奇外科手术系统是一种高级机器人平台，其设计的理念是通过使用微创的方法，实施复杂的外科手术。美国食品药品监督管理局（FDA）已经批准将达芬奇手术机器人用于成人和儿童的普通外科、胸外科、泌尿外科、妇产科、头颈外科以及心脏手术。

达芬奇手术机器人由三部分组成：外科医生控制台、床旁机械臂系统、成像系统。手术器械尖端与外科医生的双手同步运动（见图4-10）。

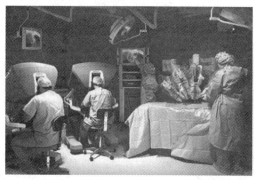

图4-10　达芬奇手术机器人

当然即便拥有这项技术，手术还是需要人工控制，也就是说，手术过程的好坏依然取决于医生手术的水平。并且达芬奇手术机器人价值超过200万美元，每年维修费用高达17万美元。同理，手术费用也将极其昂贵，所以其他医疗机器人公司正在努力研究一种成本低的手术机器人。

2. Remebot 医疗机器人

Remebot 为我国海军总医院与北京航空航天大学合作研发的应用于无框架立体定向手术的第六代机器人系统。包括三个平台：计算机手术规划平台、视觉手术导航平台和机器人手术操作平台。计算机手术规划平台利用 CT 或 MRI 医学图像重建颅内组织与病灶的三维图像，便于医师确定穿刺路径，进行术前规划和手术模拟。视觉手术导航平台利用机器人和视觉摄像头完成空间映射，实现医学图像空间与机器人手术空间的坐标关系统一。机器人手术操作平台通过控制智能机器臂完成手术定位和操作。

3. Watson 智能诊疗

在智能诊疗的应用中，IBM 的 Watson 是目前最成熟的案例。Watson 可以在 17 秒内阅读 3469 本医学专著、248000 篇论文、69 种治疗方案、61540 次试验数据、106000 份临床报告。2012 年，Watson 通过了美国职业医师资格考试，部署在美国多家医院提供辅助诊疗的服务。目前，Watson 提供诊治服务的病种包括乳腺癌、肺癌、结肠癌、前列腺癌、膀胱癌、卵巢癌、子宫癌等多种癌症。Watson 实质是融合了自然语言处理、认知技术、自动推理、机器学习、信息检索等技术，并给予假设认知和大规模的证据搜集、分析、评价的人工智能诊疗系统。

4. 医疗影像

Enlitic 是一家致力于运用人工智能及机器学习等前沿技术来辅助医疗诊断的科技公司，采用时下最先进的深度学习算法对医学图像、诊断书、临床试验等大量医疗数据进行挖掘，实现了快速、准确、可行的健康诊断。目前，该公司已和多家医院及科研机构开展合作。

5. 远程问诊

Babylon 人工智能医生是英国数字医疗公司 Babylon Health 推出的一款远程诊疗 App，旨在通过 AI 技术，为用户提供全天候医疗咨询服务。无论什么时候、什么地点，用户通过 App 就能看病。比如，通过与 AI 机器人聊天查询病症，通过视频或文本向在线的专业医生获取医疗建议。另外，App 还包含健康追踪以及药品配送等服务。

6. 药物挖掘

Atomwise 公司成立于 2012 年，核心技术平台称为 AtomNet——一种深度卷积神经网络。通过自主分析大量的药物靶点和小分子药物的结构特征，AtomNet 可以学习小分子药物与靶点之间相互作用的规律，并且根据学习到的规律预测小分子化合物的生物活性，从而加快药物研发进程。Atomwise 与 IBM 的 Watson 超级计算机合作，可以在短时间完成用普通便携式计算机需要一万年才能完成的计算量。公司成立以来，已经与斯坦福大学（Stanford University）、斯科利普斯研究所（The Scripps Research Institute）等著名科研机构合作开展了 27 个药物研发项目，与默沙东（Merck）也有药物研发合作。

4.2.4 智慧医疗的未来展望

高效、高质量和可负担的智慧医疗不但可以有效提高医疗质量，还可以有效阻止医疗费用的攀升。智慧医疗使从业医生能够搜索、分析和引用大量科学证据来支持他们的诊断，同时还可以使医生、医疗研究人员、药物供应商、保险公司等整个医疗生态圈的每一个群体受益。在不同医疗机构间，建起医疗信息整合平台，将医院之间的业务流程进行整合，医疗信息和资源可以共享和交换，跨医疗机构也可以进行在线预约和双向转诊，这使得"小病在社区，大病进医院，康复回社区"的居民就诊就医模式成为现实，从而大幅提升了医疗资源的合理化分配，真正做到以病人为中心。电子健康档案/电子病历的建设，通过标准化的业务语言组件，在授权许可范围内，共享患者的病历信息，以供医护人员随时查询，为预防、诊断、康复提供可靠参考。在未来，当智慧元素融入整个行业，医疗信息系统必将以前所未有的速度开始进化，并对医疗卫生行业，乃至全人类的健康产生重大影响。

随着物联网"十三五"规划的出台与各省市智慧城市规划的落实，智慧医疗也受益颇多。中国移动致力于推动医院诊疗服务向数字化、信息化发展。在医院信息系统与通信系统融合的基础上，中国移动通过语音、短信、互联网、视频等多种技术，为患者提供了呼叫中心、视频探视、移动诊室等多种功能，实现了医院、医生、患者三方的有效互动沟通。

物联网技术在医疗领域的应用潜力巨大，能够帮助医院实现对人的智能化医疗和对物的智能化管理工作，支持医院内部医疗信息、设备信息、药品信息、人员信息、管理信息的数字化采集、处理、存储、传输、共享等，实现物资管理可视化、医疗信息数字化、医疗过程数字化、医疗流程科学化、服务沟通人性化，能够满足医疗健康信息、医疗设备与用品、公共卫生安全的智能化管理与监控等方面的需求，从而解决医疗平台支撑薄弱、医疗服务水平整体较低、医疗安全生产隐患等问题。

利用物联网技术构建"电子医疗"服务体系，可以为医疗服务领域带来四大便利：一是把现有的医疗监护设备无线化，进而大大降低公众医疗负担；二是通过信息化手段实现远程医疗和自助医疗，有利于缓解医疗资源紧缺的压力；三是信息在医疗卫生领域各参与主体之间共享互通，将有利于医疗信息充分共享；四是有利于我国医疗服务的现代化，有利于提升医疗服务水平。

4.3 智能教育

教育部发布的《教育信息化 2.0 行动计划》中明确提出了"智慧教育"概念，即智能时代的教育从教育理念、教育方式、教育内容、教育目的等方面要有更大幅度的改革和转变。智能教育重点要解决的是教育均衡问题、个性化教育问题。

1. 智能化

智能化是教育信息化的发展趋势之一。我国教育行业累积的海量数据蕴藏着丰富的价值，在知识表示与推理的基础上，构建算法模型，借助于高性能并行运算可以释放这种价值与能量。未来，在教育领域将会有越来越多支持教与学的智能工具，智慧教学将给学习者带来新的学习体验。在线学习环境将与生活场景无缝融合，人机交互更加便捷智能，泛在学习、终身学习将成为一种新常态。

2. 自动化

与人相比，人工智能更擅长记忆、基于规则的推理、逻辑运算等程序化的工作，擅长处理目标确定的事务。如数学、物理、计算机等理工科作业，评价标准客观且容易量化，自动化测评程度较高。而对于主观的内容，如果目标不够明确则较为困难。随着自然语言处理、文本挖掘等技术的进步，短文本类主观题的自动化测评技术将日益成熟并应用于大规模考试中。教师将从繁重的评价活动中解放出来，从而有精力专注于教学。

3. 个性化

基于学习者的个人信息、认知特征、学习记录、位置信息、媒体社交信息等数据，人工智能程序可以自学习并构建学习者模型，并从不断扩大更新的数据集中调整优化模型参数。针对学习者的个性化需求，实现个性化资源、学习路径、学习服务的推送。这种个性化将越来越呈现出客观、量化等特征。

4. 多元化

人工智能涉及多个学科领域，未来的教学内容需要适应其发展需要。例如美国高度重视 STEM 教育，我国政府高度重视并鼓励高校扩展和加强人工智能专业教育，形成"人工智能+X"创新专业培养模式。从人才培养的角度分析，学校教育应更强调学生多元能力的综合性发展，以人工智能相关基础学科理论为基础，提供基于真实问题情境的项目实践，侧重激发、培养和提高学生的计算思维、创新思维、元认知等能力。

5. 协同化

短期来看，人机协同发展是人工智能推动教育智能化发展的一种趋势。从学习科学的角度分析，学习是学习者根据自己已有的知识去主动构建和理解新知识的过程。对于人工智能而言，新知识是它们所无法理解的，所以这种时候学习者就需要教师的协同、协助和协调。因此在智能学习环境中，教师的参与必不可少，人机协同将是人工智能辅助教学的突出特征。

4.3.1 智能教育的现状

在教育问题解决与应用中，人工智能主要有四大应用形态：智能导师系统、自动化测评系统、教育游戏与教育机器人。

1. 智能导师系统

智能导师系统（Intelligent Tutoring System，ITS）由早期的计算机辅助教学发展而来，它模拟人类教师实现一对一的智能化教学，是人工智能技术在教育领域中的典型应用。典型的智能导师系统主要由领域模型、导师模型和学习者模型三部分组成，即经典的"三角模型"。领域模型又称为专家知识，它包含了学习领域的基本概念、规则和问题解决策略，通常由层次结构、语义网络、框架、本体和产生式规则的形式表示，其关键作用是完成知识计算和推理。导师模型决定适合学习者的学习活动和教学策略。学习者模型动态地描述了学生在学习过程中的认知风格、能力水平和情感状态。事实上，ITS 的导师模型、学习者模型和领域模型正是教学三要素——教师、学生、教学内容的计算机程序化实现，其相互关系如图 4-11 所示。其中，领域模型是智能化实现的基础，教学模型则是领域模型和学生模型之间的桥梁，其实质是做出适应性决策和提供个性化学习服务。教学模型根据领域知识及其推理，依据学习者模型反映的学习者当前的知识技能水平和情感状态，做出适应性决策，向学习者提供个性化推荐服务，如图 4-12 所示。

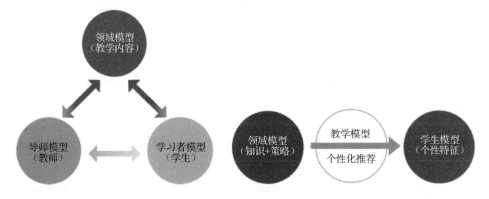

图 4-11　ITS 体系结构　　　　　图 4-12　ITS 个性化学习服务原理

ITS 尊重学习者的个性特征，如学习风格、兴趣、特长等，满足学习者的个性化需求。ITS 根据学习者模型所刻画的个性特征，向其提供个性化的学习路径、学习资源和学习同伴等资源。美国国防高级研究计划署赞助开发的一种使用人工智能来模拟专家和学生之间互动的数字导师系统，能够帮助学习者获得所需的技能，将海军新兵训练成为技术技能专家所需的时间从几年减少到几个月。

近年来，情感、元认知和动机等研究越来越受重视，神经科学、认知科学、心理学和教育学的研究表明，情感状态在一定程度上影响了学生的学习效率和态度，消极的情感状态会阻碍学生的思考过程，而积极的情感能为学生的问题解决和创新进步提供有利的条件。然而，情感缺失一直是 ITS 中存在的突出问题。利用人工智能 ITS 可以通过与学生的交互实现情感的感知、识别、调节与预测。根据学生情感的来源，如面部表情、声音等可察因素，以及可测量的行为等，采用传感器等技术获取数据，根据相关科学模型，应用人工智能的方法与技术，综合运用心理学和认知科学等知识进行情感推理，也称之为情感识别或情感计算。研究表明，系统通过对话的方式对学生进行的情感调节具有积极效果。

ITS 中教学模型模拟人类教师实现一对一个性化教学的过程即是适应性教学策略选取和个性化资源推荐算法的实现过程，适应性教学策略选择是资源个性化推荐的前提。在适应性教学策略的选择方面，这种适应性表现为多个层次：从适应性应答学生的表现，适应学生的知识水平，帮助学生取得具体目标；到对学生的情感状态做出适应性干预调节，提供适应学生元认知能力的帮助。事实上，ITS 要模拟人类教师凭借经验进行决策的复杂过程，具有一定难度。而人工智能引发了教育领域的数据革命和智能化革命，数据驱动的智慧教学与智能决策正在成为教育教学的新范式。

2. 自动化测评系统

评价是教学活动的重要组成部分。自动化测评技术的应用引发了评价方法和形式的深刻变革。自动化测评系统能够实现客观、一致、高效和高可用的测评结果，提供即时反馈，极大地减轻教师负担，并为教学决策提供真实可靠的依据。

3. ICT 技能与程序作业的自动化测评系统

ICT 技能培训与程序设计是计算机教育领域中的重要内容。ICT 技能是信息时代的基本素养。在文字编辑、电子表格数据处理、收发邮件、制作演示文稿和网页等技能的学习和培训过程中，ICT 自动化测评系统所构建的信息模型通过信息获取、知识推理和综合评价三个步骤，动态跟踪用户的操作行为，并对操作过程进行诊断、评价和反馈，极大地提高了学习效率。

计算机程序设计是培养计算思维的有效途径，程序作业通常由学生上机完成。程序设计语言有其自身的语法规则。动态程序测评能够获取程序的编译和运行时信息，分析程序的行为和功能，从程序的功能和执行效率出发，展开综合评价。而静态程序测评（见图 4-13），首先对程序代码进行信息提取，然后将程序进行中间形式表示，预测程序所有可能的执行路径与结果，利用知识发现技术实现对程序的评价。目前，国内外已经实现自动化测评的程序设计语言包括 Java、C/C++、Python 和 Pascal，以及汇编语言、脚本语言和数据库查询语言等。

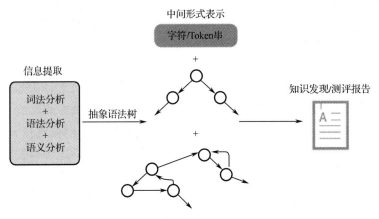

图 4-13　自动化程序测评原理图

4. 自动化短文评价系统

短文写作是当前很多标准化测试的基本要求。随着人工智能技术的发展，自动化短文评价（Automated Assessment of Essays and Short Answers）运用自然语言处理技术和机器学习等技术实现对短文本的计算分析和语义理解。美国教育考试服务中心（Educational Testing Service，ETS）设计和举办多项大型标准化考试，如 TOEFL、SAT、GRE 等。ETS 始终致力于测评理论、方法和技术的研究，尤其在自动化测评领域一直处于前沿。目前，ETS 已经实现了语音、短文、数学等领域的自动化评价与反馈。在其产品中，Text Evaluator 是一种全自动化的基于 Web 的技术工具，旨在辅助教师、教材出版商和考试开发人员选取用于学习和测试的文本段落。Text Evaluator 超越了传统的句法复杂性和词汇难度的可读性维度，解决了由于内聚性、具体性、学术导向、论证水平、叙述程度和交互式对话风格的差异而导致的复杂性变化。另一种工具 E-rater 引擎用于学生作文的自动化评分和反馈。在设定了评价标准之后，学生可以使用 E-rater 的反馈来评估他们的写作技巧，并确定需要改进的地方。教师可用来帮助学生独立发展自己的写作技巧，并自动获得建设性的反馈意见。除了提供短文的整体得分，E-rater 还提供关于语法、写作风格和组织结构等的实时诊断和反馈。

5. 自动化口语测评系统

自动化口语评价运用语音识别等技术实现了多种语言口语语音的自动化测试与评价，图 4-14 展示了基于移动智能终端和测评云服务的口语学习系统架构，其中声学模型和语言学模型是语音识别的关键。ETS 的 Speech Rater 引擎是英语口语测评方面应用最广泛的测评引擎之一。其测评任务并不限定范围和对象，开放性是其最大特点。该引擎可以用于提高发音可靠性、语法熟练度和交际的流利程度。Speech Rater 引擎使用自动语音识别系统处理每个响应，该系统特别适用于母语非英语的学习者。基于该系统的输出，使用自然语言处理和语音处理算法来计算在许多语言维度上定义语音的一组特征，包括流利性、发音、词汇使用、语法复杂性和韵律。然后将这些功能的模型应用于英语口语测评，最终得出分数并提供反馈建议。

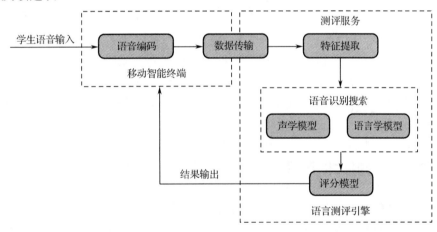

图 4-14　基于移动智能终端和测评云服务的口语学习系统架构

对于我国的英语教学来说，语言环境匮乏是当前制约学生英语口语学习的最大障碍，口语评价难度较大且时效性差更加剧了英语口语教与学的难度。科大讯飞依托语音技术的强劲优势，所开发的英语听说智能测试系统、英语听说智能考试与教学系统和大学英语四六级口语考试系统可以用于促进英语听说训练和自动化测试与反馈。另外，普通话模拟测试与学习系统和国家普通话智能测试系统在推广普通话及相关考试方面也发挥着重要作用。

6. 教育游戏

游戏智能是人工智能研究内容的一部分。运用深度学习技术的 AlphaGo 大胜人类职业围棋选手，标志着人工智能技术的又一次飞跃。在教育应用领域中，计算机和视频游戏不仅提供了一种娱乐方式，更能推动玩家在游戏中获得新的知识和技能。教育游戏具有明确、有意义的目标，多个目标结构和评分系统，可调节的难度级别，随机的惊喜元素，以及吸引人的幻想隐喻。教育游戏通过构建充分开放的游戏框架和环境，提供一种观察和认识世界的新视角。益智游戏玩家不仅使用游戏工具，而且还使用自己的知识和技能解决问题。在角色扮演中，玩家必须在恶劣的环境中生存和获得新的知识。在所有这些情况下，对周围空间的详细研究等活动都是对玩家的注意力、耐心、专业知识和逻辑思维的考验与锻炼。例如，芝加哥科学与工业博物馆的网站允许游客玩"生存模式"的游戏。该游戏专为青少年设计，专注于研究在极端情况下发生在人体内的主要身体系统的变化过程。玩家不仅在游戏中克服了许多障碍，了解了人体结构；而且青少年可以学会使用鼠标和手写笔学习撰写简单的生存搜索等机器人程序。

7. 教育机器人

教育机器人在教学中的应用越来越普遍。一方面，教育机器人可以培养和发展学生的计算思维能力。越来越多的学校开始引进教育机器人，用于建立和提高学生的高层思维能力，作为提高学生学习动机和对抽象概念理解的补充工具，帮助学生解决复杂的问题。另一方面，教育机器人具有多学科性质，提供建设性的学习环境，有助于学生更好地理解科学知识，在科学、技术、工程和数学（STEM）教育方面发挥着重要作用。教育机器人可以协助教师实现工程和技术概念的真实应用，将现实世界中的科学和数学概念进行具体化，有助于消除科学和数学的抽象性。事实上，各种教育机器人的应用推动了科学、技术、工程和数学在教学中的改进，机器人固有的灵活性使其在 STEM 不同教育场景中的应用取得了成功。此外，使用机器人教学有助于增强参与者的计算思维能力，促进团队合作，提高沟通交流能力和创新能力。

4.3.2　智能教育的技术原理

人工智能在教育中的运用很多，下面以自适应学习为例介绍人工智能在教育中的技术原理。自适应学习通常是指给学习者提供相应的学习环境、实例或场域，通过学习者自己在学习中发现及总结，最终形成理论并能自主解决问题的学习方式。另一种观点认为：自适应学习是一种以计算机为互动教学设备、根据每个学习者独特的需求来安排人力和教学材料的教育方式，计算机根据学习者的学习需求，比如他们对问题的反馈、任务和经验等来调整教育材料的呈现。结合上述观点，可以认为，自适应学习是通过信息技术洞悉每一个学生的学习情况，根据学习过程中的情况及测试结果等，不断优化调整推荐的学习内容和环境，如此反复，来达到自适应学习的效果，提高学生学习的效率（见图 4-15）。

人工智能技术进入教育领域以来，自适应学习得到了足够的技术支持。人工智能能够将学生分层做到极致，甚至能够根据每一个学生实时的学习情况，动态调整下一阶段的学习内容和方式，可以说，自适应学习因为人工智能技术得到了发展。

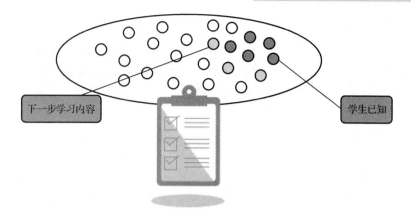

图 4-15　自适应学习示意

4.3.3　智能教育的应用案例

1.　早期学习

Kidaptive 是为幼儿提供游戏和玩具的适应性学习平台。Osmo 是一款结合了在线学习和动手学习的互动游戏。

2.　自适应学习

课程助理 i-Ready 是广泛使用的适应性阅读和数学学习软件。

3.　课程资料

优质内容和开放性内容的提供商，越来越多地使用机器学习来提供最佳课程。像ContentTechnologiesInc.这样的公司正在使用机器学习来实现这个过程的自动化。

4.　在线学习

像 Coursera、Udacity 和 edX 这样规模较大的高等教育机构，正在使用机器学习来改善学习目标设置、课程和支持服务。

5.　语言学习

正式和非正式使用的语言学习应用程序（Duolingo，Babbel，Rosetta Stone）开始使用更好的匹配和翻译服务。

4.3.4　智能教育的未来展望

人工智能技术的发展，将使得未来教育发生重大的结构性变革，虽然具体变化形态是多样的，无法预测，但以下五个发展方向则是确定的。

（1）未来教育要关注人机结合的制度体系与思维体系：要善于运用人机结合的思维方

式，使教育既实现大规模覆盖，又实现与个人能力相匹配的个性化发展。

（2）未来教育要关注核心素养导向的人才培养：未来教育应致力于培养面向人工智能时代的创新人才，引导学习者在学习和工作中发展关键能力与核心素养，培养创造力而不仅仅是记忆知识，才能更好地适应未来时代的发展。

（3）未来教育要关注学生的灵魂和幸福：未来教育应是更加人本的教育，为学生一生的幸福和成长奠基。随着智力劳动的解放，教师有更多的时间和精力关心学生心灵、精神和幸福，跟学生平等互动，实施更加人本的教学，使得学生更具有创造性。

（4）未来教育要关注个性化、多样性和适应性的学习：在人工智能技术的支持下，面向大规模的学习者群体，建立促进个性发展的教育体系，是未来教育发展的基本趋势。使每一个学生在其原有的基础上获得适合他/她自己的教育服务，是未来教育应该追求的价值之一。

（5）未来教育要关注人机协作的高效教学：人工智能在教育中的应用与研究应借鉴、吸收学习科学领域的最新研究成果，在借助人工智能技术更科学全面地了解学习过程的基础上，建立更准确的学习模型，实现更人性化的功能。

4.4 智能体育

智能体育是指运用人工智能、物联网、云计算、大数据等高新技术植入，将设备器材数据化、网络化、智能化、娱乐化（类似于电气控制领域的模拟量向数字量的转化），并且通过可以量化的数据统计、对比，辅助体育赛事或者训练、健身等。

4.4.1 智能体育的现状

人工智能的概念十分宽泛，而现阶段的技术水平只能支持其在特定的场景下进行应用。这种场景在体育产业内的应用包括运用人工智能对体育赛事进行分析和预测、帮助用户进行健康管理以及智能化生产体育用品等。

1. 人工智能预测体育赛事

体育赛事是体育产业中的核心，也是最有价值的部分。一场貌似直观的赛事实际上蕴藏着大量的相关数据，从整个球队到具体球员的一举一动、动作习惯和战术套路等，都可以通过大数据的方式呈现出来。在拥有了足够数量级的大数据后，通过相应的算法和计算，人工智能系统可以实现对比赛过程的分析与对比赛结果的预测。

以体育大数据公司魔方元科技为例，魔方元的旗舰产品通过自主研发的 DeepCube 人工智能，每天自动抓取全球超过万条的新闻，并从中筛选出 3000 条信息，用"大数据+人工智能"解读比赛基本面、媒体报道，从而衍生出了高斯基本面指数、新闻风向标、魔方博冷指数等具体指标，指导球迷更科学地认知足球比赛。魔方内容均由机器人完成写作。目前其人工智能的整体预测准确率约为 71%，长线表现超过业内专家推荐的平均水准。除此之外，据足球魔方方面透露，公司还会推出另一款基于人工智能的体育大数据"黑科技"应用，进一步拓展公司对于人工智能的应用。

2. 人工智能进行健康管理

现阶段的体育产业，除了赛事相关的细分产业受到热捧之外，大众健身也是另一个潜力巨大的市场。近几年国内涌现出了大量的运动健身类 App，基本功能都包括为用户提供计步、测距、记录运动轨迹等服务。当 App 通过用户的日常使用获得了其身体健康相关的数据之后，便能够通过人工智能的算法帮助用户进行运动健康的分析和管理。

"动动"是该领域具有代表性的公司之一。该公司将人工智能算法商业化成应用内的私教产品，通过自动采集用户的年龄、身高、体重、运动时间、热量消耗、活跃时间、距离、步数等数据，自动识别用户的人口类别、每日行为，提供给用户个性化的运动和饮食建议，帮助用户进行健康管理，以达到控制体重、预防或减轻慢性病的目的。除此之外，该公司还提供企业级智能化运动健康服务，为企业提供全新的员工健康理念和实践指导方案。该公司的 CEO 曾表示，他们现在和未来要做的，是证明智能化的机器在管理大众健康上的科学性和可行性，使人工智能技术得以场景化和普适化。

3. 体育用品的智能化生产

智能机器人在制造业中的应用已经越来越广泛，富士康已用 4 万台机器人代替了原本流水线上的人类工人。虽然运动鞋、运动服等体育用品的制造目前集中在中国以及东南亚等劳动力充足且较为廉价的地区，但是随着智能机器人制造的普及，情况可能会有所改变。

2015 年 12 月 9 日，阿迪达斯位于德国南部巴伐利亚州的概念工厂 Speedfactory 投入运营。除了少量的技术人员之外，该工厂全部由智能机器人进行球鞋生产工作。2016 年 9 月，Speedfactory 的首款产品正式亮相，首批共生产了 500 双采用 ARAMIS 动作捕捉技术，根据个体的皮肤或骨头的压力和松弛度设计出的鞋子。如果一切进展顺利，阿迪达斯的机器人工厂在未来每年将生产 100 万双运动鞋。

尽管在现阶段，人工智能在体育产业中的应用水平还不高，应用场景也不广泛，但是作为一种能够为人类提供巨大便利和提升效率的新技术，在可预见的未来，对于体育产业来说，人工智能并不遥远。

4.4.2　智能体育的技术原理

随着计算机技术的蓬勃发展，人工智能技术也得到了极大的提高，其在体育比赛中的应用也越来越广泛。下面以应用于足球的技术为例，介绍智能体育的人工智能技术原理。"足球电子裁判"是指足球运动中进球以及球员越位等电子即时判断系统，它由硬件和软件两大系统构件组成。其中硬件系统由足球定位发射器、场地边角定向发射器、摄像机、雷达测速器、球员定位发射器及场上裁判振动接收器等组成；软件系统则是针对以上所述硬件进行开发的。它根据国际足联对越位位置的定义结合球场平面模型，得到判断规则。通过提取球场特征线，对球场平面进行坐标重建，并进行运动员与足球的检测，完成足球比赛视频中越位的自动判别。因为其越位检测算法是基于球员的平面坐标，所以利用单个摄像机拍摄求解投影矩阵就可恢复球场的平面坐标，省去了多个摄像机分析的冗繁计算。足球电子裁判的主控计算机设有存储模块和图像信息处理模块，该存储模块用于把摄像机传输过来的视频中的场景和越位判别结果进行存储，该图像信息处理模块负责完成对球场线、足球和球员的检测，并对整个球场进行坐标重建，然后通过足球越位自动判别算法进行越位位置判断和越位参与进攻意识判断。此方法可以更好地监测足球比赛中的越位情况，达到协助判罚、减少裁判工作量和失误的目的。

4.4.3　智能体育的应用案例

1. 应用于羽毛球边界数字检测系统和压电传感技术系统

羽毛球边界数字检测系统的主要特征是由光学三维运动实时跟踪捕捉设备、数据信息处理系统、数字显示和警示设备等组成的。当羽毛球在比赛场运动时，其空间位置图形信息被光学三维运动实时跟踪捕捉设备实时地、不间断地捕捉到，并由其计算处理得出球心的三维坐标（X，Y，Z）及图形信息。当球在某个位置点出界，球的三维坐标和图形信息经数据信息处理系统处理并比较判断后，由数字显示和声音警示、发光警示设备瞬间发出出界报警，并显示界外球的坐标值。这种界外球检测系统的应用使裁判和观众从数字上更容易准确地瞬间判断出一个球是否出界，包括发球时球是否出界。但是该数字检测系统也存在很大缺陷：第一，比赛用球必须经过红外喷涂或其他方式的特殊处理，才能被光学三维运动实时跟踪捕捉设备实时不间断地捕捉，这改变了羽毛球的标准构造；第二，外界的干扰红外线会严重影响该检测系统的判别正确性；第三，也是最重要的一点，由于数据信息处理系统对所检测球的三维坐标的计算是以圆型球近似计算的，与羽毛球的实际情况有较大的差别，所以获得接触点的大小估算以及决定是否传出球出界的警示声音或发出警示光存在着较大的误差。

羽毛球压电传感技术系统通过球与地板上的压电材料相接触，对压电材料产生一定的机械压力，检测地板表面压力产生的电信号，便可确切知道羽毛球与地板的接触点的位置。该技术中用到的压电材料需要与边线地板有机结合在一起，压电材料本身的摩擦特性与比赛场地板的特性是有一定的差别的，压电材料也同样需要连接电信号输出部分，判断精度受环境影响的局限性无法消除。羽毛球的质量只有几克，如果不是大力扣杀的球，对地板造成的压力不足以使压电材料输出较强的可探测到的电信号，其缺点有：第一，为使所测的球场界线与所测的球体接触时产生电感应，比赛用球的球体与地面接触的部位必须用可导电性材料或导电物质，这必将改变羽毛球的标准构造；第二，潮湿天气出现时，人和物体经常带静电，将严重干扰线审辅助装置的判别精确度；第三，球员的汗水会影响线审辅助装置的准确判别。

2. 应用于网球的鹰眼系统

鹰眼系统的正式名称是"即时回放系统"，它的技术原理并不复杂，但十分精密。这个系统由 8 个或者 10 个高速摄像头、四台计算机和大屏幕组成。首先，借助计算机的强大计算能力，把比赛场地内的立体空间分隔成以毫米计算的若干测量单位；其次，利用高速摄像头从不同角度同时捕捉网球飞行轨迹的基本数据，再通过计算机计算将这些数据生成三维图像；最后，利用即时成像技术，由大屏幕清晰地呈现出网球的运动路线及落点。"鹰眼"存在的意义在于它克服了人类眼睛观察能力上存在的缺限和盲区，帮助裁判做出精确公允的判断结果。目前，网球场上对"鹰眼"的应用还有些限制，每名运动员每盘比赛只有两次要求利用鹰眼系统的挑战机会（如果遇到"抢七"的话，可以增加一次），如果挑战成功，则依然享有两次机会，如果挑战失败则意味着失去一次机会。"鹰眼"在全世界的网球赛场上使用广泛，受到大部分球员、教练和观众的青睐。

3. 应用于排球、足球等界外球数字检测系统

该系统由光学运动实时跟踪捕捉设备、数据信息处理系统、数字显示和声音发光警示设备组成。比赛中，当比赛用球在已标定的场地空间运动时，捕捉设备将捕捉到球的图形信息和球心的三维坐标信息，并传送到信息处理系统，经过计算、图形处理后做出球是否出界的判断。由于排球、足球的规则规定球整体出界才判定为界外球，所以要比较球落地时的球心与边线的位置关系，当球落地瞬间，跟踪设备就可以捕捉并处理球心坐标 (X, Y, Z) 并进行数学比较，把此时的 X 和 Y 与出界标准值比较，就可以确定是否警报出界了。

4.4.4 智能体育的未来展望

习近平总书记在十九大报告中提道："要加快推进体育强国建设。"在建立我国体育强国地位的征程中，人工智能作为互联网时代最前沿的革新技术，已经成为推动我国各项体育事业发展的重要力量。人工智能应用于体育的核心价值在于以人工智能为技术支持，主动对接竞技体育、大众健身、体育产业等领域的发展需要，构建以人民为中心的智慧体育服务体系，为"体育强国"战略的实现提供强有力的支持。

1. 人工智能提高竞技体育专业化水平和竞技能力

"数据驱动的运动训练和体育决策"在国际上已经成为竞技体育的热门发展领域。将大数据、人工智能技术应用于竞技体育，不仅能精准地监控运动员赛前、赛中、赛后的身体状态，帮助教练员实时调整技战术，还能为运动员制定出更具有个性化的训练模式和更加高效的比赛策略，提升运动员的竞技水平，这对建立我国竞技体育强国地位有至关重要的战略意义，利用智能技术来实现竞技体育运动向"更快、更高、更强"方向发展。

2. 人工智能推进"全民健身"与"全民健康"的深度融合

人民群众作为发展我国体育事业的主体，是实施体育强国战略的出发点和落脚点，"人工智能+体育"是我国全民健身事业赢得可持续发展先机的重要抓手和可行途径。一方面，基于人工智能技术的产品工具，通过智能模式化甄选与匹配，实现对大众健康结果的自动化分析和可视化呈现，在有效降低运动损伤风险的前提下极大地提升民众对健身活动的体

验满意度和健身效果。另一方面，通过对大众运动和健康数据的收集与整合分析，可以对我国国民体质现状进行客观评估，其评估结果对"健康中国"相关体育政策的制定有重要的参考意义。与此同时，借助人工智能等新兴信息技术，能有效解决体育资源分布和发展不平衡的问题，为基层社会提供更加公平的体育资源获取渠道，推动体育公共服务均等化发展。

3. 人工智能推动体育产业的转型升级

体育产业是国民经济不可缺少的组成部分，其价值和功能在加快推进体育强国建设中发挥着重要支撑作用。体育产业作为经济和生态效益俱佳的朝阳产业，在"人工智能+体育"发展战略的支持和相关智能体育产品的应用下，可帮助资本市场挖掘市场机遇、变革商业模式、改善客户服务体验、创新管理体制并提高决策能力，实现体育产业高质量发展，从而推动我国体育产业模式和企业形态的根本性转变，带动传统体育产业的"智慧升级"，提升我国体育产业的国际竞争力。

4.5 智能艺术

在人类理性工作领域，人工智能正在颠覆性地改变着许多行业，很多机械化的工作已经被人工智能所取代。另外，人工智能也正在进入人类的感性艺术领域，努力将艺术公式化（规范化），人工智能产品通过深度学习艺术家的笔触，并依据一定的逻辑继续创造艺术作品，再次让经典艺术家"复活"，以此陶冶人类的情操。未来，机器可以代替人类完成很多事情，很多可以被公式化的人类职业都可以被人工智能取代，人类从脑力以及体力方面都可以最大化地被解放出来。然而对于人工智能是否能够最终取代艺术这块领地，业界的说法不一。

目前人工智能已运用在艺术领域，图 4-16 是用 AI 技术把人像照片转化成素描照片，考虑到肖像权问题，将原图像做了虚化处理。

图 4-16　人工智能素描作品（资料来源：TechWeb）

人工智能艺术是在人工智能技术的基础上发展而来的，它具体表现为人工智能参与艺术创作，是人工智能技术与艺术领域的跨界融合。对于人工智能艺术的解读可分为两种：一是人工智能作为艺术家的辅助工具，在艺术家的操控下完成艺术创作，直接作用于艺术创作、生产、消费等领域；二是人工智能作为所谓的创作主体，发挥其"主观能动性"，创作出一系列的作品。

4.5.1 智能艺术的现状

目前，以人工智能为创作主体的人工智能艺术主要是：绘画领域中以"Aaron"和"Painting Fool"为代表创作的绘画；诗歌领域中"Auto-beatnik"创作的诗歌；小说领域中"布鲁特斯"创作的小说等作品。事实上，人工智能在影视领域也有着突出的表现，例如从事剧本创作、电影艺术表演（美国哥伦比亚影业公司 2001 年推出的被称为世界上首部"全数字"电影的《最终幻想》，其绝大部分画面由计算机生成，且女主角艾琪完全是由计算机设计出的"虚拟演员"）；除此之外，还有的人工智能尝试进行音乐创作等。上述人工智能在创作过程中所展示出来的"自我意识"与创作能力，令人惊叹不已，就如同亲眼目睹当初作为工具放置于办公桌上的计算机突然有一天开口与人类交谈一般不可思议。

由于人工智能技术与艺术创作之间的频繁互动，"人工智能艺术"正悄然兴起。如今"人工智能艺术"这一名词虽然被人们所接纳，但对它的质疑声仍在暗地里发酵。人工智能创作的作品凭什么称得上艺术作品？是因为它在细节、颜色、结构处理上堪称完美的表现吗？还是因为人工智能创作作品的能力由人类赋予，显示了人类拥有与"上帝"相媲美的能力受到重视，从而将其拔高到"艺术"的地位？当前人工智能创作出来的作品，是否能够引起人类情感上的共鸣或真正具备艺术价值呢？针对这些问题，应首先明确"人工智能艺术被冠以艺术之名"备受争议之处。

4.5.2 智能艺术的技术原理

在当代计算机科学的大力发展下，设计者可以借助大量的设计软件将自己的灵感视觉化。相对于传统的艺术创作需要耗费长达几个月甚至几年的时间，计算机科学可以帮助设计师快速、高效地完成其创作，并且通过模具进行量产。例如，艺术家可以通过计算机建模，利用 3D 打印技术制造人们所需要的产品；可以利用计算机中大量的色彩素材创作更加随心所欲的作品，也可以通过计算机网络中海量的艺术设计资源，激发灵感，扩展艺术思维，把自己的思想与计算机科学有机地结合在一起实现设计创作。在作品呈现方面，随着虚拟现实技术的日渐成熟，很多高校正在将虚拟现实技术应用到艺术设计类专业教学领域，可以较好地展现艺术与技术相结合的设计作品，通过虚拟环境的体验与交流，有效地传达设计作品所表达的设计理念，艺术家可以利用此项技术更加真实地将作品展现出来，使人们可以身临其境，更加直观地观赏艺术的细节。

4.5.3　智能艺术的应用案例

人工智能在艺术中最有影响力的创新便是卷积神经网络的应用与发展。卷积神经网络一般应用于图像处理领域，如 Facebook 的自动标注算法、Google 的图片搜索、Pinterest 的主页个性化信息流中都应用到了卷积神经网络。下面通过几个案例来具体分析人工智能在设计领域中的具体应用。

1. Google 的"艺术家机器人"

Google 的 Deep Dream 是一款可以识别、分类和整理图像的人工智能程序。通过输入数以百万计的艺术家创作风格的图片作为学习的样本，通过每一层神经网络的学习逐步提升对艺术创作风格的认识，直到最后可以自动合成具有艺术家风格的图片。

2. 艺术修图神器 Prisma

Prisma 是一款将艺术与修图相结合的 App，这款 App 运用人工智能技术，深度学习各个流派艺术大师的笔触，将用户上传的照片重新诠释，生成一副具有艺术气息的照片。此软件的使用方法与其他普通软件的流程大致相同，首先需要打开软件，拍照或者上传已有的照片，然后选择名画笔触，例如梵高、莫奈、毕加索的笔触等，最后 App 根据上传的照片以及选择的艺术家风格重新生成一张带"艺术感"的新照片。不同的是由于此 App 包括人工智能算法，处理速度相对于普通软件较慢。Prisma 一共包括三层人工神经网络，左右两边的神经网络分别学习艺术家风格以及分析处理原图片的风格，中间的神经网络则吸收两边神经网络的处理结果，进一步加工处理，模仿人类的脑神经元，学习外界施加的艺术家刺激，不断修正算法里的参数，使其输出结果越来越接近艺术家的风格。合成一副全新的具有艺术气息的照片。

3. Autodraw：人工智能涂鸦大师

Autodraw 不仅能识别你在画什么，它甚至能帮你补完未完成的涂鸦，纠正其中的错误：如果你画了一只三只眼睛的猫，Autodraw 会去掉一只眼睛。这意味着 Autodraw 已经拥有我们所说的抽象思维，它并非仅仅是按照历史数据规整图画的线条，而是"知道"眼睛这一概念，并且知道猫只有两只眼睛。Autodraw 的背后是人工智能系统 SketchRNN。SketchRNN 会记下我们每一笔的形状和顺序，为每一种特定物体（猫、椅子等）训练出一种神经网络。把人类涂鸦的笔画当成输入，进行序列编码，用人们的绘画方式来训练神经网络。完成这一训练后，SketchRNN 就了解了某一图案绘画时的"一般规则"，比如我们画猫时，会画一张圆脸，两个尖耳朵，两只眼睛，六根胡须。SketchRNN 就能明白，一个大圆、两个小圆、六根线和两个尖角加起来就是"猫"。

4.5.4　智能艺术的未来展望

基于人工智能的艺术前景广阔。人工智能创作的作品虽不完全具备现代艺术观念上对于艺术品的特定要求，但也不能因此将其排除于艺术之外。相反地，我们应以宽广的胸襟接纳其为一种全新的艺术门类，它是科学技术发展的必然产物，时代交替的使然。第一次工业革命时，机械批量生产的作品被人们看成是廉价的仿制品，认为这些作品全无艺术价值可言。"约翰·拉斯金和威廉·莫里斯等人都梦想着彻底改革工艺美术，用认真的富有意义的手工艺去代替廉价的大批生产。"可最终，当人们发现再也不能回归以前的手工艺社会时，于是"他们渴望以一种新感受对待艺术和材料自身所具有的潜力，去创造一种'新艺术'"。现在也是如此，人工智能艺术恰好处于人工智能技术快速发展的时期，也就是说，正是人工智能技术在艺术领域的实践使得人工智能艺术得以出现和发展。当前人工智能的处境与19世纪摄影的处境有一定的相似之处，它们同为科学技术发展而来的产物，同样不可避免地参与了部分艺术创作，也同样经受着质疑，不同的是摄影度过了那段煎熬的岁月，现今已得到大众的普遍认可，有关摄影艺术的书籍随处可见，而人工智能才刚刚开始艺术的漫漫征途。当然，我们决不能忽略现阶段人工智能在创作过程中表现出来的拙劣的、模仿人类的思维方式。未来的人工智能会不会发展出自己的意识？会不会拥有自己的感情？目前看来，人工智能很难达到这样的高度。然而千万不要忘记，当初人类是在自然环境中一步一步发展而来的，而人工智能却是直接借助人类智能发展而来的，它的起点远比原始人类的起点要高。随着人工智能技术的不断推进，人工智能艺术或许有望发展出"艺术"之实，即当人工智能发展至超级人工智能、甚至是超级智能体时，一种全新的艺术模式将会产生，曾经适用于人类范畴的诸多定义也将重新改写，并最终形成有别于人类艺术的另一特殊艺术领域。

第5章

人工智能让世界更美好

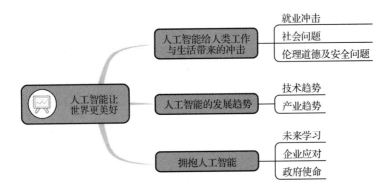

本章思维导图

人工智能让世界更美好
- 人工智能给人类工作与生活带来的冲击
  - 就业冲击
  - 社会问题
  - 伦理道德及安全问题
- 人工智能的发展趋势
  - 技术趋势
  - 产业趋势
- 拥抱人工智能
  - 未来学习
  - 企业应对
  - 政府使命

5.1 人工智能给人类工作与生活带来的冲击

　　人工智能技术体系将与石器、青铜器、铁器和蒸汽机一起，成为改变人类社会面貌的标志性生产工具，它不仅能极大地提高生产力水平，同时也能重新塑造人类的劳动形式。如果说以往的各种工具是对人类器官和肢体的扩展，提高了劳动效率，扩展了人类劳动的范围，那么与之不同的是，人工智能则是对人类的模仿，尤其是对人类特定的具体劳动行为的模仿。在此基础上，人工智能将替代今天人类劳动中每一种可重复性的劳动，人类的劳动将进一步集中于不可重复的创造性劳动，从而导致人类劳动的形态产生巨大的变迁。

5.1.1 就业冲击

　　经济学家熊彼特有个著名的观点，叫"创造性破坏"，或许可以借此来理解技术变革对就业的影响。总体来看，过去发生的机械革命、电气革命、信息革命基本都遵循了"创造性破坏"的逻辑，即技术变革一方面会导致大量岗位被替代，另一方面也能催生出新的岗位需求。人工智能带来的变革也是如此。根据牛津大学的卡尔·本尼迪克特·弗雷（Carl Benedikt Frey）和迈克尔·奥斯本（Michael Osborne）的研究，目前美国有47%的工作属于将被机器人代替的"高危"工作。世界上最大的金融管理咨询公司美林也有一份深度报告，预测到2025年，人工智能带来的每年颠覆价值在14万亿到33万亿美元之间，其中有9万亿美元来自自动化对人工成本的节约。

1. 就业岗位替代

《纽约客》杂志的一张封面引导起了热议（见图 5-1）。封面上，人类坐地行乞，机器人则扮演了施予者的角色，意旨在未来社会，人类的工作机会被不断进化的机器人剥夺，从而沦为了流落街头的弱者。牛津大学的研究者得出了一个惊人的结论：英国现存的工作种类，有35%会在未来的20年内完全被机器取代。波士顿的专家则认为这个时间会更短：2025年之前，全世界至少有四分之一的岗位会因为人工智能的发展而彻底消失，预计可能有数十万乃至上百万人将受到直接冲击而失业。和很多人想象的不同，除了那些低端体力劳动外，会计、金融、摄影、法律等往常被认为是"中高端脑力劳动"的岗位，一样会受到人工智能发展的影响。根据专家的研究结果，BBC列出了一份名单，涵盖社会数十个领域的上千份工作。按照可替代度从高到低的排列顺序，表 5-1 列出了 20 个在未来 20 年最有可能被人工智能替代的工作。

图 5-1　《纽约客》杂志封面

表 5-1　未来 20 年最有可能被人工智能替代的工作

序　号	工作种类	可被替代概率（%）
1	电话销售员	99.0
2	打字员	98.5
3	法津秘书	97.6
4	财务客户经理	97.6
5	检查测试人员	97.6
6	销售人员	97.2
7	保险人员	97.0
8	银行，邮局职员	96.8
9	财务行政管理人员	96.8
10	政府行政人员	96.8
11	图书管理员	96.7
12	普通组装工人	96.7
13	电话接线员	96.5
14	纺织品加工人员	96.1
15	前台接待人员	95.6
16	快递人员	95.5
17	评估师和估价师	95.5
18	农林渔业体力工人	95.4
19	注册会计师	95.3
20	药剂师	94.0

那么哪些工作岗位是相对来说比较安全的呢？

2. 1 秒准则

斯坦福大学人工智能实验室主任吴恩达（Andrew Ng）是国际上人工智能和机器学习领域最权威的学者之一。他曾说过，任何人类大脑能在 1 秒内完成的工作，现在或者不久的将来都会被自动化。一个大任务能够被切分并在 1 秒内完成，比如保安会通过监控录像保障安全，但他们的工作可能被分为许多 1 秒内完成认知思考的小任务。而思考在什么地方运用 AI 的能力，在什么地方构建一个系统，并将任务分割为一个个的小任务，实际上也是一个找寻商机的过程。

这一判定标准也叫作"1 秒准则"，它成为判断某行业在近期是否会被人工智能取代的一个比较具有影响力的准则。需要注意的是，"1 秒准则"是用来判断"现在和不久的将来"可以实现完全替代的职业，而不是模糊地判断某个职业最终会不会被 AI 取代。

3. 九个指标

牛津大学的卡尔和迈克尔用了九个指标来衡量可替代性：社交洞察能力，谈判交涉能力，说服力，协助他人，照顾他人，原创性，美术，手指精密操作程度和狭小空间工作需求度。也就是说，安全的工作符合以下特点：有非常高的创意性和抽象性思维，需要高度社交智慧和谈判技巧，具备与人沟通的能力。相反，如果工作内容符合以下特点，则很有可能被人工智能替代：单一体力劳动，工作空间规则且有结构性；只需要初级社交能力，有规则套路可循；重复性初级脑力工作，例如，信息收集、文献阅读整理等。

目前来看，人工智能只是在简单、重复性、操作性工作上占非常大的优势，在需要复杂思维的领域，它们暂时还赶不上人类。

4. 三个特点

麦肯锡全球研究院则基于工作模块的逻辑，从 2000 多种工作涉及的具体内容出发进行考察。每项工作内容的完成需要五大类（感知、社交和情感、认知、自然语言处理和物理性身体机能）18 种工作能力中的一种或数种。分析认为，目前全球可完全自动化的工作还相对较少（不到 5%），但是在所有职业中，60%的工作包含了至少 30%可完全实现自动化的部分。其特点为：

（1）低时薪。2016 年 12 月，美国白宫在《人工智能、自动化及经济》报告中认为，时薪低的工种将受到人工智能技术的冲击最大。美国白宫经济顾问委员会（CEA）把职业按薪资水平排序，发现：每小时工资低于 20 美元的工作中，83%的将受到自动化技术的压力；相比之下，每小时工资在 20 至 40 美元的工作中有 31%将受到自动化技术的威胁；这个比例在每小时工资 40 美元以上的工作中只占 4%。

（2）中技能。在高、中、低技能三类工种划分中，哪个更容易被人工智能所替代？我们本能的第一反应可能回答的是"低技能"，但其实，类似于护工这种看起来"低技能"的工作，反而更可能是高时薪的工作（特别在发达国家），而且，因为这种工作用人工智能来实现的难度大、投入产出比低，所以资本短期内也不愿意投入。

（3）非顶级。人工智能可能渗透到生产生活的任何一个领域，对常规的、可程序化的工作进行替代和辅助，但是对于每个领域的最高级部分，如顶级的设计、撰写具有较高文化素养的诗歌文章等则是人工智能无法替代的。而与此对应的是，"非顶级"的人才，无论是理工科还是文化创意类的，都很容易被人工智能替代。比如，2016 年日本名古屋大学某项目团队开发的人工智能程序，以"人工智能以自己的兴趣写小说"为内容所写的科幻小说居然通过了"星新一文学奖"初选，该团队还表示，他们有信心在数年内开发出能独立编写成熟小说的人工智能。

5. 创造新的就业岗位

人工智能在取代一些岗位的同时，也创造出很多新的岗位。一方面，人工智能这个产业自身的发展需要大量人才，算法工程师、芯片设计师、机器人制造等职位的人才缺口都很大；另一方面，人工智能的发展能够催生新业态，产生新的岗位和大量的就业机会。为人工智能"打工"的数据标注员就是一个鲜明的例子，此前有统计数据表明，中国全职的数据标注员已达到 10 万人，兼职人员的规模则接近 100 万人。

此外，伴随技术进步和生产力水平增长，人们的收入水平和消费水平将持续上升，再加上老龄化社会对医疗服务需求的增长等趋势，将创造更多对第三产业劳动力的需求。

那么，新增的就业岗位主要有哪些类型呢？

6. 人工智能相关"新行业"带来的"新职位"

这一类岗位包括自然语言处理工程师、语音识别工程师、机器人道德/暴力评估师等。据《经济学人》报道，2017 年，硅谷出现"训机师"岗位——高科技公司雇用诗人、喜剧演员帮助聊天机器人设计优雅有趣的对话。此外，"研究人工智能如何影响就业问题"，本身已经成为了一个职位；而且，研究人工智能和社会、法律、伦理、安全等问题，在欧美已经被广泛深入讨论，在国内也已起步。

7. 其他行业"旧职位"的"人工智能化"

例如，"产品经理"升级为"人工智能产品经理"；"互联网媒体"升级为"人工智能领域的垂直媒体"；"TMT（科技、媒体和通信）投资"升级为"专注于 AI 领域的投资"，等等。但是，虽然大多数工作会被人工智能取代，但剩下的少数人可能收入会更高，特别是垂直领域的人工智能顾问——会运用人工智能技术或产品的垂直领域专家，因为"AI+人工"会是未来很长一段时间内的人工智能产品应用形态。

8. 人工智能激发出人性角度的更多需求，导致某些"旧职位"的需求量变大

人工智能普及后，人们将拥有更多的闲暇时间，一方面，会导致娱乐、游戏方面的需求变大；另一方面，也很可能导致更多的身体或心灵方面的问题，使得健康或自我精神提升方面的需求被放大。

5.1.2 社会问题

未来人工智能的激增将会带来一场新的革命，但其对工人的影响将远远超过之前工业革命所带来的影响。工业革命取代了某些岗位，而人工智能的革命可能会彻底消灭这些岗位。那么，这些人会去哪里呢？人工智能将会带来并进一步加剧贫富差距扩大和社会不平等等问题。

1. 贫富差距扩大

预计机器、机器人和其他形式的人工智能将继续逐步取代目前人类的工作。人工智能将给企业带来巨额利润，让少数人获得大量的财富，但也使得许多人失去了就业机会，导致贫富差距不断扩大。一方面，对许多低技能工人来说，可以使他们失去工作；另一方面，像建筑工程、法律和医疗领域的高技能工人则是对技术的补充，他们工作需求的增加导致了工资的增加。

就企业而言，人工智能是一个"强者更强"的产业：数据越多，产品越好；产品越好，所能获得的数据就更多；数据更多，就更吸引人才；吸引来的人才更多，产品就会更好，从而形成良性循环。目前，中美两国已经汇聚了大量人才、市场份额以及能够调动的数据。举例来说，中国的语音识别企业科大讯飞以及人脸识别公司如旷视科技、商汤科技等就市值来讲，都已经成为行业翘楚。在谷歌、特斯拉、优步等企业的引领下，美国的无人驾驶技术也是首屈一指的。而在消费互联网领域，中美多家企业，比如谷歌、脸书、微软、百度、阿里巴巴、腾讯等都已在其现有产品和服务中大量使用人工智能技术，并正快速将其运营版图扩展到全球范围内，尽可能占据更大份额的人工智能市场。越来越多的数据、用户、人才将会推动这些科技巨头越来越容易扩张、并购初创企业，进一步扩大社会贫富差距。

2. 社会不平等

20 世纪计算机革命与 21 世纪人工智能技术飞速发展相结合对岗位的影响突出表现为中等收入、中等技能需求岗位数量的减少。与之相对应的是高收入的脑力劳动（认知工作）和低收入的体力劳动岗位均有所增加，就业人数也随之变化，劳动力市场两极分化的趋势已出现，并影响着劳动者的就业选择。

美国软件公司 Saleforce 董事长兼首席执行官表示，第四次工业革命是在历史上一个不平凡的时刻出现的，它在创造就业方面具有广阔的前景，可以提供治愈疾病和减轻痛苦的新途径。但另一方面，它也有可能进一步加剧经济、种族、性别、甚至环境的不平等现象。我们可以从人工智能一窥端倪。在那些有机会获得人工智能的人与没机会获得人工智能的人之间，可能会出现新的技术鸿沟。我坚信，人工智能将成为一项新的人权。每个人和每个国家都需要有机会接触到这种新的关键技术。

未来，那些拥有人工智能的人将会变得更聪明、更健康、更富有，当然，他们的"武器"也将更加先进。那些没有人工智能的人可能会受教育程度更低，更不健康，更加贫穷，更容易生病。政府必须采取措施，将人工智能带来的技术红利分享给每一个人，以便积极应对新技术带来的不平等问题。

5.1.3　伦理道德及安全问题

人工智能技术和应用飞速发展，在推动经济社会创新发展的同时，也带来安全、伦理、法律法规等方面的风险挑战。随着数据越来越多地被收集，应用场景不断增加，用户个人信息泄露的风险也随之提升。人工智能的研究和应用要有伦理和法律界限，即应以人类的根本利益和责任为原则。

1. 伦理问题

在高性能计算机和大数据之前的时代，人工智能系统由人类编写，遵循人类发明的规则，但技术进步已经导致了新方法的出现，其中便包括机器学习。现在，机器学习是最活跃的人工智能领域，它通过统计方法来让系统从数据中"学习"并做出决策，不必进行显式编程。这样的系统配合一种算法或者一系列步骤，利用一个知识库或者知识流（算法用来构建模型的信息）就可以解决一个问题。

2. 偏见问题

技术进步本身无法解决人工智能的深层次根本性问题：算法的设计哪怕再周全，也必须根据现实世界的数据来做出决定，但现实世界是有缺陷的、不完美的、不可预测的、特异的。因为人工智能系统能强化它从现实数据中获得的认知，甚至放大熟悉的风险，比如种族和性别偏见。在面对不熟悉的场景时，人工智能系统还可能做出错误判断。由于很多人工智能系统都是"黑箱"，人类不太容易获知或者理解它的决策依据，因此难以提出质疑或者进行有效探查。

表面上，客观的数据和理性的算法也可以产生非中立性的结果，但事实上，数据和算法导致的歧视往往更难发现也更难消除。数据和算法对中立性的破坏，可能来自三方面的原因：一是采集数据或设计算法的相关人员蓄意为之；二是原始数据本身就存在偏见，因此该数据驱动的算法结果也会有偏见；三是所设计的算法会导致有偏见的结果。第一种原因归根到底是人的问题，在任何时代和任何环境中都可能存在，数据和算法不过是他们利用的工具罢了。因此本书着重分析后面两种情况。

即便数据是人类社会客观中立的记录，如果人类社会本身就存在偏见、歧视和不公平，那么相关数据自然也会带入我们社会的不公平。卡内基梅隆大学的教授阿努潘·达塔（Anu-pamDatta）等人的研究显示，谷歌广告系统的人工智能算法在推送职位招聘信息的时候，同等教育背景和工作经历下的男性要比女性以高得多的频率收到高收入职位招聘信息。普林斯顿大学的研究人员使用常见的纯统计机器学习模型，在万维网的标准文本语料库上进行训练，发现计算机可以"学会"沉淀在人类语言记录中隐含的偏见——既包括一些无关道德也无伤大雅的偏见，例如昆虫让我们联想到不愉快而花朵则常与欣愉的事情相伴，还包括一些严重的偏见，包括来自性别和种族的歧视。

3. "人权"问题

目前，人工智能可能带来的"人权"问题主要体现在两个方面：一方面，一旦人工智能具备了超越机器的属性，越发类似于人的时候，人类是否应当给予其一定的"人权"？另一方面，人工智能正逐步在某些社会生产、生活领域逐渐替代人类，那么其在生产生活中造成的过错应当如何解决？针对这些情况，如何基于伦理视角引导人工智能服务于人类，已经成为人工智能发展必然要面对的问题。

美国学者雷·库兹韦尔（Ray Kurzweil）在《如何创造思维》一书中提出，至21世纪30年代，人类将有能力制造出极为智能的机器人，其能够与人类产生一定程度的情感联系，并具备自我意识。因此，当前人类应加快讨论可能出现的伦理问题，即一旦高智能机器人诞生，出现了自我意识，人类是应当遏制其进一步成长，还是给予其"人权"？一些专家认为，赋予人工智能以"人权"是对人工智能的放纵，将对人类的生命安全造成威胁。持相反观点者则认为，人类能够开发出符合人类道德的人工智能产品，因此可以给予人工智能部分基础的"人权"。

当人工智能取代了部分医疗人员的岗位时，一旦出现误诊，人们应当向谁追责？是医疗机器人的使用方、生产方还是其本身？实际上，这并非是远离人类当前生活的问题，在测试阶段事故频发的无人驾驶汽车已然将这一问题推到了人类面前。2016年7月，特斯拉无人驾驶汽车发生重大事故，造成一名司机当场死亡。该事故很快成为了新闻媒体的焦点。人们不仅关注这件事情本身所带来的影响，更关注机器作为行为执行主体，发生事故后的责任承担机制。究竟是应该惩罚那些做出实际行为的机器（并不知道自己在做什么），还是那些设计或下达命令的人？或者两者兼而有之？如果机器应当受罚，那么应该如何处置呢？是应当像电视剧《西部世界》中那样，将所有记忆全部清空，还是直接销毁？目前还没有相关法律对其进行规范与制约。

随着智能产品的逐渐普及，我们对它们的依赖也越来越深。在人机交互中，我们对其容忍度也逐渐增加。于是，当系统出现一些小错误时，我们往往将其归因于外界因素，而无视这些微小错误的积累，我们总是希望其能自动修复，并恢复到正常的工作状态。遗憾的是，人工智能机器的"黑箱"状态并没有呈现出其自身的工作情况，从而造成了人机交互中人类的认知空白期。

4. 安全问题

人工智能技术应用既可能威胁网络信息安全，也可能挑战国家的政治安全、军事安全、经济安全、文化安全等各方面。2017年7月，哈佛大学肯尼迪学院发布的《人工智能与国家安全》报告指出，人工智能将成为国家安全领域的颠覆性力量，其影响可与核能、航空航天、信息和生物技术比肩，将深刻改变军事、信息和经济领域的安全态势。再如，2018年4月，兰德公司发布的《人工智能对核战争风险的影响》报告指出，人工智能会鼓励人类去冒险，有可能颠覆目前的核威慑战略。

5. 人工智能技术及其应用的复杂性

人工智能不仅是各种算法和方案的集合，更是一个由软件、硬件、数据、设备、通信协议、数据接口和人组成的丰富多彩的生态系统，广泛应用于自动驾驶、工业机器人、智能医疗、无人机、智能家居助手等领域。这种复杂的技术构成和应用场景会产生新的安全漏洞。比如，2017年12月，谷歌机器学习框架TensorFlow中存在的严重安全漏洞被发现，再比如，将欺骗数据输入机器学习模型，让系统产生误判等。

因此，人工智能可能被不法分子利用，成为新的网络犯罪工具，产生新的犯罪形式。例如，2017年9月，绍兴警方成功破获我国首例利用人工智能侵犯公民个人信息案。在该案中犯罪分子利用一种具有深度学习功能的"快啊"打码平台进行机器快速识别验证码，从而绕过网络账户安全策略，非法登录后台收集用户隐私数据。

6. 人工智能的不确定性

这包括两个方面：一是存在"算法黑箱"，某些自动化决策和行为有一定的不可解释性，解释不了如此决策和行为的原因和逻辑，如何使得这种自动化决策的不确定性可控已成为重大的安全挑战。二是人工智能的应用环境和算法发展有一定的不确定性，面对应用条件的变化可能导致无法预测和无法承受的后果，将这种结果的不确定性限定在一定范围不至于成为一种重大威胁是我们面临的一项艰巨任务。

人工智能使得大量的用户个人信息尤其是行为数据集中到少量的组织和公司手中，对于目前隐私和信息安全法律制度来讲是一个巨大挑战。人工智能对于收集和处理个人数据的巨大需求，使得其未经授权使用个人信息和隐私的风险大大增加。不同系统和算法需要共享和利用海量用户数据，考虑到成本问题，这对获取用户同意的方式、人工智能的应用方式以及用户个人数据流转方式都提出了巨大的挑战。

从人工智能技术本身来看，其演进得益于大数据、物联网、芯片技术、计算机视觉、语音识别等技术的演进以及机器学习、深度学习等相关算法的极大提升。从某种程度上看，人工智能是技术叠加的结果，而技术叠加导致了风险的叠加，这意味着所叠加的这些技术可能引发的安全风险对于人工智能技术而言同样存在。比如系统被侵入的风险、个人信息和隐私被侵害的风险，如何认识和应对这些风险挑战成为确保人工智能安全、可靠、可控发展的关键。

5.2　人工智能的发展趋势

人工智能、大数据、预测分析和机器学习方面主要的统计数据显示：到 2018 年，75%的开发人员在一个或多个业务应用或服务中采用人工智能技术；到 2019 年，人工智能技术应用在全部物联网上；到 2020 年，30%的公司将引入人工智能以至少增加一个主要的销售过程，算法将积极地改变全球数十亿工人的行为，人工智能市场将超过 400 亿美元；到 2025 年，人工智能将驱动 95%的客户交互。人工智能已经来到了这个世界并正在改变我们的生活，未来已来，但人工智能之路任重而道远。谁能把握住人工智能的发展趋势，谁就能率先赢在人工智能时代。人工智能仍然处于起步阶段。虽然目前有大量的人工智能使用案例，但其中的大部分都是对具体流程的改进，要成功部署却需要一定的时间。

5.2.1　技术趋势

1. 生成式对抗网络

2014 年，谷歌研究员伊恩·古德费洛（Ian Goodfellow）提出了生成式对抗网络（Generatiue Adversarial Networks，GAN）模型（见图 5-2），利用"人工智能 VS 人工智能"的概念，提出两个神经网络：生成器和鉴别器。谷歌 DeepMind 对 GAN 进行了大规模数据集的培训，以创建"BigGANs"。深度学习领域的杰出代表，纽约大学终身教授燕乐存（YannLeCun）认为，生成式对抗网络（GAN）及其相关的变化，是机器学习领域近十年最有趣的想法。

在 GAN 设置中，两个由神经网络进行表示的可微函数被锁定在一个游戏中。这两个参与者（生成器和鉴别器）在这个框架中要扮演不同的角色。生成器试图生成来自某种概率分布的数据。鉴别器就像一个法官，它可以决定输入的数据是来自生成器还是来自真正的训练集。

目前，GAN 是机器学习中最热门的学科之一。这些模型具有解开无监督学习方法（Unsupervised Learning Methods）的潜力，并且可以将机器学习拓展到新领域。

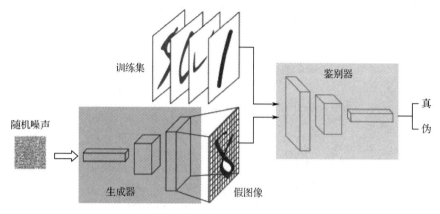

图 5-2 生成式对抗网络

2. 胶囊网络

众所周知，深度学习推动了今天的大多数人工智能应用，而胶囊网络的出现可能会使其改头换面。深度学习界领航人杰弗里·辛顿在其 2011 年发布的论文中提到"胶囊"这个概念，并于 2017—2018 年论文中正式提出"胶囊网络"（CapsNets）概念。

针对当今深度学习中最流行的神经网络结构之一：卷积神经网络（CNN），辛顿指出其存在诸多不足，CNN 在面对精确的空间关系方面就会暴露其缺陷。比如将人脸图像中嘴巴的位置放置在额头上面，CNN 仍会将其辨识为人脸（见图 5-3）。CNN 的另一个主要问题是无法理解新的观点。黑客可以通过制造一些细微变化来混淆 CNN 的判断。

胶囊网络由胶囊而不是神经元组成（见图 5-4）。胶囊是用于学习检测给定图像区域内特定对象（如矩形）的一小组神经元，它输出一个向量（如一个 8 维矢量），该向量的长度表示被检测对象存在的估计概率，而方向（如在 8 维空间中）对被检测对象的姿态参数（如精确的位置、旋转等）进行编码。如果被检测对象发生稍微改变（如移动、旋转、调整大小等），则胶囊将输出相同长度的矢量，但方向稍有不同。

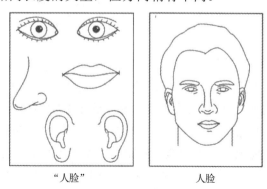

"人脸"　　　　　　　人脸

图 5-3 CNN 面部识别缺陷

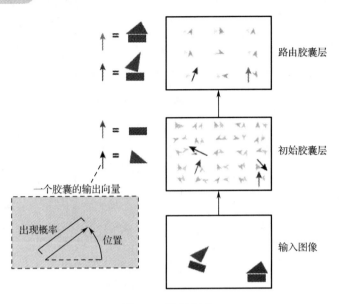

图 5-4　胶囊网络

经测试，胶囊网络可以对抗一些复杂的对抗性攻击，比如篡改图像以混淆算法，在这方面优于 CNN。胶囊网络的研究虽然目前还处于起步阶段，但可能会对目前最先进的图像识别方法提出挑战。

3. 边缘计算

边缘计算是一种拓扑，其中信息处理、内容收集和传递更靠近信息源，并且将流量保持在本地，将减少延迟。目前，该技术的大部分重点是物联网系统需要在嵌入式物联网世界中提供断开连接或分布式功能。这种类型的拓扑结构将解决高 WAN 成本和不可接受的延迟水平等挑战。此外，它还将实现数字业务和 IT 解决方案的细节。

基础架构开始向靠近数据源的边缘位置以及端侧设备转移，而人工智能将最先受益于边缘计算。边缘设备将包含人工智能算法并将驱动计算能力的交付。国际数据公司（IDC）预计至 2022 年，25%的物联网端设备都将运行人工智能算法模型。

高德纳（Gartner）预计，在边缘设备中嵌入传感器，存储、计算和高级人工智能功能将不断增加。一般而言，人工智能将走向各种终端设备的边缘，从工业设备到屏幕再到智能手机再到汽车发电机。

4. 量子计算

半导体电路小型化的快速发展使得传统计算机的性能不断提升。然而，这个小型化存在一个固有极限——当芯片上电路元件的尺寸缩小到纳米尺度时，量子力学效应将会占据主导地位，并影响元件的性能。这将是摩尔定律的终点。（摩尔定律认为在价格不变的前提下，集成电路上可容纳的元器件数目每隔 18～24 个月就会增加一倍，其性能也提升一倍。）

对于传统计算机来说，这是不可避免的命运。但是科学家已经开始考虑，能否把这种情况下有害的量子现象转变为有益的——构建一个利用由薛定谔方程描述的量子力学逻辑进行计算的计算机，而不再是利用布尔逻辑进行计算的传统计算机。量子计算机这个理念是美国物理学家理查德·费曼在 1981 年首次提出的。他说，原则上，人们可以设计一种计算机，该计算机通过量子力学特性来工作，模拟量子系统并采用量子方程得到解。费曼的这个理念在学术领域引起了很大重视。

量子计算是一个典型的跨学科领域，需要相关领域的科学家与工程师密切合作，尤其是量子物理学家与计算机科学家之间的合作。算法的突破将激发硬件的改进，反之亦然。而当量子计算机发展到一定阶段，将会需要计算机科学的变革，传统计算机的数据存储、运算系统和编程语言都需要被重新设计。虽然目前尚不清楚这将怎样完成，但这是一个重要的研究方向。许多 IT 行业的领军公司早已构建了大量的项目来发展量子软件。

量子计算能够让人工智能加速。以现有算力水平，一个亿亿次的经典计算需要一百年，但用一个万亿次的量子计算可能只需要 0.01 秒的时间。量子计算机将重新定义什么才是真正的超级计算能力，同时，量子计算机也将有可能解决人工智能快速发展带来的能源问题。

业界普遍认为量子计算将有可能给人工智能带来变革性的变化。目前，量子计算被主要应用于机器学习提速，基于量子硬件的机器学习算法，加速优化算法和提高优化效果。

量子计算方法和算法的研究是一个具有巨大潜力的领域。过去数十年中已经出现了多个优雅的计算方法，理论上都很有吸引力。未来将有更多与实际相契合的量子计算方法出现。

5. 类脑智能

当前人工智能存在两条技术发展路径。一条是以模型学习驱动的数据智能，另一条是以认知仿生驱动的类脑智能。现阶段人工智能发展的主流技术路线是数据智能，但是数据智能存在一定局限性，例如，需要海量数据和高质量的标注；自主学习、自适应等能力弱，高度依赖于模型构建；计算资源消耗比较大，CPU、GPU 消耗量巨大；缺乏逻辑分析和推理能力不足，仅具备感知识别能力；时序处理能力弱，缺乏时间相关性；仅解决特定问题，适用于专用场景智能。

类脑智能可以解决数据智能的局限和不足。类脑智能可处理小数据、小标注问题，适用于弱监督和无监督问题；更符合大脑认知能力，自主学习、关联分析能力强，鲁棒性较强；计算资源消耗较少，人脑计算的功耗仅约 20W，类脑智能可以模仿人脑实现低功耗；逻辑分析和推理能力较强，具备认知推理能力；时序相关性好，更符合现实世界；可能解决通用场景问题，实现强人工智能和通用智能。

不可否认，我们对于大脑的探索还处于非常初级的阶段。在这样的背景下，2016 年，中国正式提出了"脑科学与类脑科学研究"（中国脑科学计划），它作为连接脑科学和信息科学的桥梁，将极大地推动人工通用智能技术的发展。此外，多所高校都成立了类脑智能研究机构，开展类脑智能研究，如清华大学成立的类脑计算研究中心，北京大学成立的脑科学与类脑研究中心，上海交通大学成立的仿脑计算与机器智能研究中心等。

目前，清华大学类脑计算研究中心已经研发出了具有自主知识产权的类脑计算芯片、软件工具链；中国科学院自动化研究所开发出了类脑认知引擎平台，具备哺乳动物脑模拟的能力，并在智能机器人上取得了多感觉融合、类脑学习与决策等多种应用，以及全球首个以类脑方式通过镜像测试的机器人等。

6. 人工智能驱动

人工智能驱动的开发着眼于将人工智能嵌入到应用程序中，并使用人工智能为开发过程创建人工智能驱动的工具、技术和最佳实践。这一趋势正在沿着三个方面发展：

（1）用于构建基于人工智能的解决方案的工具正在从针对数据科学家（人工智能基础设施，人工智能框架和人工智能平台）的工具扩展到针对专业开发人员社区（人工智能平台，人工智能服务）的工具。借助这些工具，专业开发人员可以将人工智能驱动的功能和模型注入应用程序，而无须专业数据科学家的参与。

（2）用于构建基于人工智能的解决方案的工具正在被赋予人工智能驱动的功能。这些功能可以帮助专业开发人员并自动执行与人工智能增强型解决方案开发相关的任务，增强分析、自动化测试、自动代码生成和自动化解决方案的开发将加速开发过程，并使更广泛的用户能够开发应用程序。

（3）支持人工智能的工具正在从协助和自动化与应用程序开发（AD）相关的功能演变为使用业务领域专业知识和自动化 AD 流程堆栈（从一般开发到业务解决方案设计）的更高活动。

市场将从专注于与开发人员合作的数据科学家转移到使用作为服务提供的预定义模型独立运营的开发人员。这将使更多的开发人员能够利用这些服务并提高效率。这些趋势也导致虚拟软件开发人员和非专业"公民应用程序开发人员"成为人工智能技术主流使用者。

5.2.2　产业趋势

1. 人工智能与实体经济融合不断深入

未来，随着人工智能能力的不断提升，人工智能与传统产业的融合将不断深入，在带动传统产业向智能化转型升级的同时，将为社会创造巨大的收益。政府行业、金融业、互联网行业在经过近年的应用实践后将全面扩展人工智能的应用。而新零售、新制造、新医疗领域也将成为人工智能市场的新增长点。IDC 预计未来这六大领域应用人工智能的 3 年复合增长率将超过 30%。具体来讲，一方面人工智能将在制造、物流、金融、交通、农业、营销、通信、科研等领域带来深刻变革，从而直接促进经济繁荣；另一方面，人工智能将在教育、医疗、法律、个人服务等方面进行改善，提升生活质量。

在增加经济繁荣方面，人工智能将催生新的产品和服务，从而创造新的市场，并提高多个行业现有商品和服务的质量和效率。通过专家决策系统催生更高效的物流方式和供应链。通过基于视觉的驾驶员辅助和自动及机器人系统更有效地运输产品。通过控制生产过程和安排工作流程的新方法，可以改进制造业生产效率。

在改善教育机会和生活质量方面，终身学习可以通过虚拟导师制订个性化的学习计划，根据每个人的兴趣、能力和教育需求来挑战和吸引他们。人们可以过上更健康、更积极的生活，为每个人量身定制个性化的健康信息体系。智能家居和个人虚拟助手可以节省人们的时间，减少在日常重复任务上的时间损失。

2. 人机协作将成为人工智能落地应用的主要方式

凭借人类与人工智能系统之间的互补性质，人类和人工智能系统的协作互动将成为未来人工智能应用的主要方式。虽然完全自主的人工智能系统在水下或深空探测等应用领域中将有重要作用，但在灾难恢复、医学诊断等应用领域，人工智能系统短期内还无法完全取代人类。目前，虽然人机协作的有效方法已经存在，但大多数是"点解决方案"，只能在特定环境中使用特定平台来实现特定目标，无法为每个可能的应用程序分别生成点解决方案。未来，随着超越这些点解决方案的系统的不断形成，通用人机协作方法将逐渐诞生。

未来的人机协作将关系到人类和人工智能系统之间的功能划分，具体的协作方式可以分为三种，即共同执行、辅助执行、替代执行。共同执行是指人工智能系统执行支持人类决策者的外围任务，比如短期或长期记忆检索和预测任务；辅助执行则是当人类需要帮助时，人工智能系统可以执行复杂的监视等功能，为人类执行提供参考，例如，飞机飞行中接近地面的警报系统、医疗中的决策和自动医疗诊断；替代执行指的是人工智能系统执行对于人类来说能力非常有限的任务，如复杂的数学运算、在严苛的操作环境中执行任务、核反应堆安全控制等需要快速响应的系统。

人类感知智能系统主要依赖人工智能算法。多年来，人工智能算法已经能够解决日益复杂的问题，但目前的算法和系统在与人协作方面仍存在障碍。未来人机协作下的人工智能系统将能够直观地与用户交互并实现无缝人机合作，例如，用基于模型的方法考虑用户过去的行为，甚至基于准确的人类认知模型构建用户意图的深层模型等。此外，人工智能系统还将具有扩充人类认知的能力，能够在用户没有明确地对系统提到该类信息的情况下，知晓用户需要检索哪些信息。未来的人工智能系统还将按照人类社会规范采取行动，并具有一定程度的情绪智能，可以识别用户的情绪并适当地做出响应，从而能够更有效地与人类一起工作。

以前人工智能研究的重点大多数是设计能在窄任务中匹配或胜过人类的算法，在许多领域中需要额外的工作来开发增强人类能力的系统。人类增强研究涉及计算机等固定设备、可穿戴设备（如智能眼镜）、植入装置（如脑接口）以及特定用户环境（如特制的手术室）。例如，人类增强可以使医疗助手通过读取多个设备的数据指出医疗过程中存在的问题，其他系统可以通过帮助用户回忆适用于当前情况的过往体验，来增强人类的认知。

更好的可视化用户界面、更自然的人机交互是人机协作进一步发展的关键。让人们通过口语和书面语言与人工智能系统进行交互，一直是人工智能研究人员的目标。虽然这一研究已经取得了重大进展，但是在人类可以像与同类交流一样、有效地与人工智能系统通信之前，必须在自然语言处理中解决相当多的挑战。自然语言处理最近的进展归功于使用数据驱动的机器学习方法，目前，在安静环境中已能够成功地实时甄别流利的语音，但对嘈杂环境中的言语、浓重的口音、儿童的话语、不完整的自然语言和用于手语的话语等的识别和理解仍需进一步研究。此外，开发能够与人进行实时对话的自然语言处理系统也是未来人机协作的必备条件。

3. 通用人工智能的实现仍需长期攻关

人工智能学科的核心目标是，有朝一日我们能够建造像人类一样聪明的机器。这样的系统通常被称为通用人工智能系统（AGI）。到目前为止，我们已经建立了无数人工智能系统，在特定任务中的表现可以超过人类，但是当涉及一般的脑力活动时，目前还没有一个人工智能系统能够比得上老鼠，更别说超过人类了。

在未来学家马丁·福特一本名为《智能架构》的新书中，采访了人工智能领域的 23 位最杰出的人物，其中包括 DeepMind 首席执行官、谷歌人工智能首席执行官和斯坦福人工智能负责人等，要求受访对象做出预测：我们在哪一年能够有 50%的机会成功实现通用人工智能？

在受访者中，只有两人愿意具名回答。有趣的是，这两个人给出的答案是最极端的：谷歌的未来学家和工程总监认为，这个时间为 2029 年，而 iRobot 联合创始人的回答则是 2200 年。其余人给出的答案则在这两个时间点之间，平均算下来，这个时间点为 2099 年。

目前，人工智能研究人员的大量成果都基于深度学习，这部分人倾向于认为未来的进步离不开神经网络，即当代人工智能的核心。而具有其他人工智能科研背景的人却认为，实现 AGI 需要通过其他方法，比如符号逻辑。

DeepMind 创始人认为，我们目前所开发的系统很难将一个领域里所习得的知识应用于其他领域。要实现知识的转移，模型必须有理解抽象概念或提取知识的能力。训练机器一步一步玩游戏很容易，但我们的目标是让系统拥有生成模型的能力，这样才能有在其他领域里规划行动的能力。

5.3 拥抱人工智能

人工智能从诞生以来，理论和技术日益成熟，应用领域也不断扩大。可以设想，未来应用人工智能可以问诊看病、自动驾驶、自动识别客户、代替流水线上的人工作业，承担系列工作。它的发展带来的科技产品将会是人类智慧的结晶。苹果的 CEO 库克说："很多人都在谈论人工智能，我并不担心机器会像人一样思考，我担心人会像机器一样思考。"许多电影题材也体现了近些年弥漫在人类社会的担忧，从《黑客帝国》到《攻壳机动队》，伴随着人工智能的到来，另一个更严肃的问题或许是：人工智能是否最终会取代人类？

但与其担心被替代，不如拥抱新技术、新革新。人类历史一路走来，从马车到火车、汽车，再到飞机、高铁，哪一样不是技术的革新？哪一样离得开技术创新？机器的优势在于存储量大、计算速度快，有数据库作为支撑，能用已有的知识快速搜索、匹配，因此才显得知识渊博。机器不知疲倦，能承担超负荷工作，能代替很多人类工人。但是机器没有灵魂、不会思考，它能学习人类的已知领域的知识，却不能像人类一样思考探索未来。人类有独特的创造力，目前人工智能是无法取代的。在未来，人工智能一定能取代大部分的危险性工作，像开矿、修桥开路、海底作业，等等。人类可以有更多的时间、空间去从事更有创造性、更有挑战性、更有价值的工作。

5.3.1 未来学习

1. 人工智能时代应该学什么

人工智能时代，程式化的、重复性的、仅靠记忆与练习就可以掌握的技能将是最没有价值的技能，几乎一定可以由机器完成；相反，那些最能体现人的综合素质的技能。例如，人对于复杂系统的综合分析、决策能力；由生活经验及文化熏陶产生的审美创作能力；基于人自身情感（爱、恨、热情、冷漠等）与他人互动的能力等，这些是人工智能时代最有价值，最值得培养的技能。

而且，这些技能大多数都因人而异，需要"定制化"的教育或培养，不可能从传统的"批量"教育中获取。未来的生产制造业是机器人、智能流水线的天下，人类只有学习更高层次的知识，比如系统设计和质量管控，才能体现人类的价值。

例如，人类工程师只有专注于计算机、人工智能、程序设计的思想本质，学习如何创造性地设计下一代人工智能系统，或者指导人工智能系统编写最复杂、最有创造力的软件，才可以在未来成为人机协作模式的"人类代表"。再如，普通翻译会被取代，但文学作品的翻译，因为其中涉及大量人类的情感、审美、创造力、历史文化积淀等，是目前机器翻译无法解决的一个难题。

未来人们对文化、娱乐的追求会达到一个更高的层次，文娱产业总体规模会是今天的数十倍甚至上百倍。那么，学习文艺创作技巧，用人类独有的智慧、丰富的情感以及对艺术的创造性解读去创作娱乐内容，成为作家、音乐家、电影导演和编剧、游戏设计师等，也是证明自己价值最好的方式之一。

很显然，我们需要去重视那些重复性标准化的工作所不能覆盖的领域，包括创造性、情感交流、审美、艺术能力，还有我们的综合理解能力、把很多碎片连成一个故事的讲述能力。所有这些在目前看来有些"不可靠"的东西，其实往往是人类智能非常独特的能力。

人工智能时代，最终成功的产品必然是不止一个领域的知识交集，这要求我们有极强的沟通能力、理解能力、协作能力。不仅需要听得懂对方在说什么，也需要能用对方听得懂的语言表达自己的意思。例如，现在各人工智能技术公司寻找合作方时，最大的困难并不是找到有意愿的对象，而是找到一个双方都认可的切入点。一方面，合作方（需求方）也不知道自己要什么，甚至会提出过于天马行空的想法；另一方面，人工智能技术公司很难深入理解对方行业场景的实际情况，提出的方案容易被认为"体验优化程度太小"或"市场想象空间太小"。

2. 人工智能时代该如何学习

如果想跟上新时代的潮流，就必须不断学习，不断用新的知识充实自己，获得新的技能，甚至是获取一个全新的身份。学习方法非常重要，好的学习方法会事半功倍，未来的学习方法包括：主动挑战极限、从实践中学习、关注启发式教育、培养创造力和独立解决问题的能力、主动向机器学习、既学习人人协作，也学习人机协作，等等，由接受教育转变为终身学习。这对大部分人来说，可能比其他任何事情都要难，因为就我们的心理和情感限制而言，改变常常难以接受，让人压力倍增。长时间的改变会导致长时间的压力。

15～20 岁时，人们不断学习，不断改造自己，整个生活就是改变。但 40～50 岁时，人们逐渐开始不再喜欢这些改变，更不希望之后每 10 年就有一次巨大变化。人类能够适应现在的新形势，每 10 年重新学习知识改造自己吗？未来，我们必须持续不断地改造自己，以适应不断变革的社会环境。

5.3.2 企业应对

全球知名战略管理咨询公司罗兰贝格发布的《2019 年关于人工智能的十个议题》报告显示，人工智能不再仅仅是一个流行词，已逐渐变成一大趋势，正在走向主流并进入产业化阶段。在可预见的未来，人工智能还不会取代人类，反而将更加需要人类的判断与引导。人工智能时代比以往任何时候都更需要人类的领导与优秀的企业战略。从企业的角度出发，企业必须现在就做好准备。

1. 人工智能需要强有力的人类管理

尽管人工智能系统将承担越来越多的分析工作与其他业务，但在可预见的未来，只有人类才拥有管理能力。充满智能机器的环境，将比以往任何时候都更需要人类的引导。

在未来的企业中，管理者将需要强大的人际交往技能、责任感与强有力的道德基础，也需要了解如何将机器作为顾问，如何利用机器来为企业利益服务，如何在必要时反对机器提供的建议。因此，控制输入人工智能的数据质量、向人工智能提出正确的问题至关重要。没有正确的问题就没有正确的答案，人工智能的作用也就无法得到发挥。

2. 人工智能时代，企业战略决定成败

受社会、政治、文化、环境等因素影响，市场的复杂程度极高，人工智能无法依靠简单的数据处理来明确下一步要采取的"正确"措施。在复杂情况中做出大胆的战略决策需要直觉，而未来，这种能力将变得更加重要。

因为在每个人都可以利用机器与算法对其进行深入分析的市场中，能够帮助企业脱颖而出的是战略。人类思维至关重要，其中包括大量的多样化观点、集体智慧和人脑的综合能力。人们需要对战略开发加以改造，需要更快的速度、更高的灵活性、对组织更深入的理解等。

3. 短期看，人工智能将进一步强化互联网巨头与平台的主导地位

数字化推动了谷歌等互联网巨头及平台的崛起。当前，许多人工智能的应用仍依赖相对简单的深度学习技术，将大量图像、文本或声音输入机器来识别模式。数据是这些技术的生命线，而且多多益善。最终，人工智能将推动少数全球数字化企业在各行业中取得主导地位。

消费者将处在两难境地，他们受益于平台的高效，但缺少不同企业提供的不同选择机

会。同时，占据主导地位的平台可以收集到越来越多的个人信息。少数数字化企业形成的寡头垄断也会带来更多风险。

4. 便携式人工智能将降低谷歌等平台的重要性

新型人工智能解决方案与技术可能会对当今互联网巨头带来颠覆性的影响。这些新型的个人助理将采用新的协议与点对点技术，对消费者而言，大规模量产的产品更加直观、更加便宜，可以提供高度个性化建议，并且能够保护隐私。

便携式人工智能将重新为消费者赋权，帮助传统企业重新直接接触消费者。在便携式人工智能的世界里，你的设备就是你的"平台"，平台不再具有竞争优势。大量人工智能解决方案供应商将会出现，为开发最优的算法展开竞争，保证其设备提供最佳解决方案以满足消费者需求。

5. 人工智能建立价值网络，企业无须"单打独斗"

利用人工智能进行分析，消费者及其行为会越来越透明，在整个消费领域确定目标客户的机会也会越大：喜欢极限运动的人可能会对定制化健康保险计划感兴趣，社交生活较少的独居者更愿意接受电视节目订阅与送餐服务。企业应互相合作，通过构建合作网络来确定目标客户。

对企业来说，进行劳动分工与专注核心能力会提高效率。这些企业可以更加精益与锐意专注，持续为潜在人工智能系统提供客户数据，供所有合作伙伴使用。在企业网络中，数据共享将变得尤为重要：虽然单一企业无法把握作为开发人工智能应用基础的商业环境"大局"，但网络可以在新平台上收集数据。在人工智能支持的企业网络中，单一企业可以显著降低交易成本。

6. 人工智能提高系统性风险

人工智能给金融体系带来了不确定性和新的挑战。银行和保险公司最近才开始使用人工智能，而其竞争对手已经在取得进展。在此背景下，银行和保险公司面临的是系统相关的寡头垄断问题。同时，人工智能正在促进细分市场领域的专业化，从而使无数类似不受监管的小公司出现，这些公司提供非常具体的解决方案。这一切使市场变得非常复杂。

如今，市场上有数百万的参与者和至少数百万的战略和决策模式。随着算法越来越多地被用于管理资产分配和交易，将来，由于只有少数几家人工智能提供商，也只有少数几种"最佳"算法可以最终参与股票交易，如果这些算法做出完全相同的反应，这反过来可能会引发极端的市场波动，甚至崩盘。

7. 企业承担人工智能算法"合谋"违规违法的责任

算法制定价格的方式会愈发不透明。在一套完全由人工智能制定价格的系统中，消费者无法进行比价或了解价格的详细信息。这就为故意的违法违规与价格操纵行为创造了机会。

谁来承担算法"合谋"违规违法的责任？如果无法证明算法"合谋"，又该怎么处理？

反垄断机构可能在没有证据的情况下，仅因价格反常上涨就对企业进行罚款，将举证的责任转移到企业身上。企业将不得不自证算法没有"合谋"违规违法行为。

8. 人类将与人工智能携手进行创新

人工智能如何影响创新？第一，人工智能将有力地加速创新流程。人工智能可准确预测现实世界的试验结果，从而显著加速新产品与解决方案（如新药）的发明。第二，人工智能应用可能改变创新流程的本质，从而将创新流程提升到新的水平。

人工智能本身非常具有创造性，但并不是在孤立的情况下，仍需人类来挖掘人工智能的全部潜力。我们需要提供信息与指导，控制流程，评估结果并从中得出正确的结论。人类仍是创新的主宰。

9. 管理者将对人工智能的错误负责

人类，如企业的管理者，将承担所有企业活动的最终责任，其中也包括受人工智能影响、由人工智能准备或推动的活动。这给管理者带来了相当大的风险，因为未来的算法将以一种不透明的方式进行自我学习和自我改进。人工智能必须建立问责制，也要考虑人工智能对客户关系的影响。

人们对用非定制化的"黑匣子"来决定生活的方方面面一事感到顾虑重重。很多人都想了解算法的逻辑，至少是原理。如果人们认为受到了不公平对待，可能会出现无数的法律纠纷。在此问题上，企业与客户的利益是一致的，而且可能会出现一种新的信任关系，某些企业的名称、品牌将保证安全与公平。

10. 必须找到数据隐私的新平衡

人工智能将挑战我们现有的、以用户同意为基础的隐私规则。人工智能可以发现数据之间意想不到的关系，甚至识别出全新的联系。在我们拥有便携式人工智能之前，对个人数据的使用将变得更加难以控制。同时，数据收集将更加普遍。因此，保护数据与人工智能的发展之间必须达到一种平衡状态。

有效而公平的隐私保护能够协调公民利益与经济利益，可以为客户提供大量创新而安全的产品与解决方案，同时为公民赋予个人数据的所有权。未来，人工智能应用成功的条件是数据保护条例能够合理、有效地捍卫数据主权。

5.3.3 政府使命

1. 加强人工智能核心技术研发和产业化

政府应制定人工智能产业技术发展路线图，在客观分析、科学研判的基础上，找准产业未来发展的薄弱点和赶超点。积极布局影响人工智能未来发展的前沿基础理论研究，强化在基础材料、元器件、芯片、传感器等领域的研究。推动人工智能开源软硬件平台及生态建设，促进基于人工智能的计算机视觉、生物特征识别、自然语言处理等应用技术的研发和产业化。有序推进类人脑计算机、深度学习等前沿理论研究和技术创新，强化人工智能产品原始定义能力，扭转技术路径跟随以及产业链关键环节受制于人的被动局面，形成自主可控的产业体系。

2. 加速推进人工智能和实体经济融合

加快人工智能技术在家居、汽车、无人系统、安防等领域的推广应用，提升生产生活的智能化服务水平。支持在制造、教育、环境、交通、商业、健康医疗、网络安全、社会治理等重要领域开展人工智能应用试点示范，提升人工智能的集群式创新创业能力。结合各类企业的特点，抓住第二次机器革命的历史机遇，实现"人工智能+"，大力发展人工智能技术与产业，为经济新常态注入智能化的思路。提高工业领域人工智能技术的研发和创新能力，开发高水平的人工智能产品，避免低水平重复和无序竞争。深化人工智能技术的推广应用，做大做强人工智能产业。人工智能作为高新技术，更需要创新政策机制、管理体制、市场机制和成果转化机制，为人工智能及其产业的发展提供优良环境，保驾护航。出台人工智能应用的鼓励政策，在人工智能技术应用推广和市场开发中，提供国家政策、资金及应用等方面的扶持与支持，使人工智能新技术尽早从实验室走向应用领域。

3. 加快制定关键技术标准规范

开展人工智能综合标准化体系研究，推动建立人工智能融合标准体系。建立并完善基础共性、互联互通、行业应用、安全服务、隐私保护等技术标准，研究建立人工智能系统的智能化水平评估标准。加强智能家居、智能汽车、智能机器人、智能可穿戴设备等热点细分领域的网络、软硬件、数据、系统等标准化工作，鼓励人工智能领域的国内标准化组织、行业组织、企业参与国际标准化工作，推进自主设立的人工智能相关标准国际化。

4. 强化人工智能人才培养培训

人工智能教育是人工智能科技和人工智能产业赖以发展的强化剂和推动力，也是高素质人工智能人才培养及人工智能科技与产业可持续发展的根本保证。中国的人工智能教育已初步形成学科教育与课程教学体系，已在大学计算机、智能科学技术、电子信息、自动化等专业开设不同层次的人工智能课程。重视培养贯通人工智能基础理论、软硬件技术、市场产品及垂直领域应用的纵向跨界人才，以及兼顾人工智能与经济、社会、法律等专业的横向跨界人才。针对重点领域，利用现有人才计划，设立定向优惠政策，增强对国际顶级科学家和高层次人才的吸引力。人工智能发展中存在的问题和人工智能的基础建设问题，都与人工智能人才培养密不可分。只有培养足够多的高素质人工智能人才，才能保证人工智能的顺利发展。

5. 积极应对人工智能伦理安全问题

人工智能的快速发展带来的安全问题是全球各国共同面临的重大挑战，各国应当积极倡导人工智能全球治理以应对共同挑战。具体来说，应该坚持安全性、可用性、互操作性、可追溯性原则，积极引导企业、学界和公众等多方主体参与治理，通过研究共性问题加强在人工智能伦理框架、法律法规体系、技术标准体系、行业监管规则等方面的交流合作和国际统一，通过国际条约等明确规定禁止人工智能发展和应用的特定领域，形成全球性的风险控制机制，尤其要避免利用人工智能技术引发新一轮的军备竞赛，最大限度地减少人工智能的安全隐患，争取早日形成安全可靠、持续发展的人工智能全球治理体系，使人工智能技术创新更好地造福于人类社会。

参考文献

[1] 孙伟平. 关于人工智能的价值反思 [J]. 哲学研究，2017（10）.

[2] 蔡曙山，薛小迪. 人工智能与人类智能——从认知科学五个层级的理论看人机大战[J]. 北京大学学报：哲学社会科学版，2016（4）.

[3] 克劳斯·施瓦布. 第四次工业革命 [M]. 李菁，译. 北京：中信出版社，2016.

[4] 伊恩·古德费洛，约书亚·本吉奥，亚伦·库维尔. Deep Learning: Adaptive Computation and Machine Learning series [M]. 北京：人民邮电出版社，2017.

[5] 郭宪，方勇纯. 深入浅出强化学习：原理入门 [M]. 北京：电子工业出版社，2018.

[6] 路彦熊. 文本上的算法：深入浅出自然语言处理 [M]. 北京：人民邮电出版社，2018.

[7] George Coulouris，Jean Dollimore，Tim Kindberg，Gordon Blair. 分布式系统：概念与设计（原书第5版）[M]. 金蓓弘，马应龙，等译. 北京：机械工业出版社，2013.

[8] 林子雨. 大数据技术原理与应用 [M]. 2版. 北京：人民邮电出版社，2017.

[9] Lars George. HBase 权威指南 [M]. 代志远，刘佳，蒋杰，等译. 北京：人民邮电出版社，2013.

[10] Tom White. Hadoop 权威指南：大数据的存储与分析 [M]. 王海，华东，刘喻，等译. 北京：清华大学出版社，2017.

[11] 华泰证券行业研究报告. 人工智能产业硬件基础与第一桶金. 2017.

[12] 清华大学，北京未来芯片技术高精尖创新中心. 人工智能芯片技术白皮书. 2018.

[13] 苏振阳. 人工智能技术在体育比赛中的应用 [J]. 辽宁体育科技，2015（3）.

[14] 腾讯金融科技智库与腾讯 FiT. 智慧金融白皮书 [EB/OL]. 2018.

[15] 中国人工智能学会. 中国人工智能系列白皮书——智能农业 [EB/OL]. 2016.

[16] 中国电子技术标准化研究院. 人工智能标准化白皮书 [EB/OL]. 2018.

[17] 李开复，王咏刚. 人工智能 [M]. 北京：文化发展出版社，2017.

[18] 李开复. AI·未来 [M]. 浙江：浙江人民出版社，2018.

[19] 谷建阳. AI 人工智能：发展简史+技术案例+商业应用 [M]. 北京：清华大学出版社，2018.

[20] 韩德尔·琼斯，张臣雄. 人工智能+：AI 与 IA 如何重塑未来 [M]. 北京：机械工业出版社，2018.

[21] 谢幸，等. 个性化推荐系统必须关注的五大研究热点 [EB/OL]. 微软亚洲研究院，2018.11.

[22] 李根，朱其祥. 基于 RFID 技术的智能购物车系统设计 [J]. 赤峰学院学报（自然科学版），2017（5）.

[23] 徐鑫宇. 从智能语音助手角度浅析计算机智能科学与技术对电子设备交互的作用

［J］.数字技术与应用，2018（12）.

　　［24］爱分析 ifenxi. 一文读懂中国智能语音行业格局与未来发展趋势［EB/OL］. 亿欧网，2017.2.

　　［25］毕丹. 2017 大健康产业研究丨人工智能+健康医疗：引爆之后的风口浪尖［EB/OL］.亿欧网，2018.1.

　　［26］徐艳平. 人工智能翻译应用前景分析［J］. 合作经济与科技，2018（19）.

　　［27］中国信息化周报. 人工智能技术与智能出行融合互促［EB/OL］. 中国大数据企业联盟，2018.5.

　　［28］华章科技. 大数据之于智能交通意义重大仍面临五大难题［EB/OL］. 腾讯云社区，2015.7.